企业产品数控铣活页教程

主　编　洪　斯　侯海华
副主编　徐世东　孙　跃

ZHEJIANG UNIVERSITY PRESS
浙江大学出版社

图书在版编目(CIP)数据

企业产品数控铣活页教程 / 洪斯,侯海华主编. —
杭州:浙江大学出版社,2021.1
ISBN 978-7-308-20717-1

Ⅰ.①企… Ⅱ.①洪…②侯… Ⅲ.①机械元件－数
控机床－铣床－技术培训－教材 Ⅳ.①TH13②TG547

中国版本图书馆 CIP 数据核字(2020)第 206954 号

企业产品数控铣活页教程

主　　编　洪　斯　侯海华
副主编　徐世东　孙　跃

策划编辑	阮海潮
责任编辑	阮海潮(1020497465@qq.com)
责任校对	王元新
封面设计	续设计
出版发行	浙江大学出版社
	(杭州市天目山路 148 号　邮政编码 310007)
	(网址:http://www.zjupress.com)
排　　版	浙江时代出版服务有限公司
印　　刷	杭州良诸印刷有限公司
开　　本	787mm×1092mm　1/16
印　　张	17.5
字　　数	334 千
版印次	2021 年 1 月第 1 版　2021 年 1 月第 1 次印刷
书　　号	ISBN 978-7-308-20717-1
定　　价	59.00 元

前　言

目前国内数控铣床加工专业教材资源较为丰富,但针对企业产品展开编写的案例较少,教师在指导学生加工企业产品时缺少相对应的配套教材,教师利用普通教材教学容易感到吃力,学生学习起来也觉得相当枯燥,且难有收获。

编者通过长期教学实践,不断摸索,并参考各类数控铣床加工专业教材,根据教育部现阶段技能型人才培养培训方案的指导思想和专业教学计划编写了《企业产品数控铣活页教程》。全书将企业产品融入活页式教材中,专业理论课程与实践课程实行一体化教学,项目选用企业的典型零件,在活页式数控教材中分别编写数控中级工实训任务、高级工实训任务、技师实训任务,将1个典型零件、7个企业产品和数控铣项目加工基本知识编制成9个学习任务,以任务引领的方式展开教学,体现了基于工作过程的教学思想,具有以下特点:

一、编写理念上,根据职业学校学生的培养目标及认知特点,打破了传统的认知规律,在教学过程中突出教师的主导作用和学生的主体地位,以实际工作过程为主线,由教师提出加工任务,由学生分组完成:图样分析→工艺准备与程序编制→零件加工→检验与质量分析→成果展示与总结评价。

二、强调实践与理论的有机统一,突出"校企合作"的新教育理念,在技能上力求满足企业用工需要,在理论上做到适度、够用。选用通俗的语言和直观形象的图例,好教易学;内容紧扣主题,定位准确。通过学生在学习和实践过程中不断完成图表的方式,充分调动学生自主学习、自我实践的积极性。

三、引入计算机辅助编程(CAM),让同学们一步步认识数控铣床加工范围及加工技术,让同学们提前掌握这项实用技能,为进入企业实习、工作打下基础。对数控铣床加工有个全面认识,更好地满足实践需要,更好地适应市场。

四、由浅入深,系统、全面地讲解企业零件的加工工艺及实际加工过程,充分调动学生自主学习、自我实践的积极性。本书可作为技工学校、职业技术学校数控专业教材,也可作为职业技术院校机电一体化、机械制造类专业教材及机械类工人岗位培训教材。

本书由舟山技师学院洪斯、侯海华担任主编,徐世东、孙跃担任副主编,几人分工协作,历时一年共同编写完成。舟山技师学院港口机电部部长、高级教师李定华认真审阅了全书,提出了许多宝贵的意见和建议,在此表示衷心的感谢。在编写过程中,得到了学校领导和专业教师的支持与帮助,得到舟山市机电专业建设专家咨询委员会成员李增蔚、许猛、江平、郑海涌、施高跃、张友海、陈恒波、夏良杰的热心指导,在此一并表示诚挚的谢意。

由于编者水平有限,书中疏漏和错误之处在所难免,恳请批评指正。

编　者

2020 年 10 月

目 录

学习任务一 典型零件加工

【学习目标】

理论知识目标：

1.能安排工件加工的顺序。

2.能合理选择加工刀具与切削用量。

3.能测量工件加工精度。

实践技能目标：

1.掌握铣平面、铣轮廓、打孔等加工操作。

2.能完成典型零件的加工。

【建议学时】

24 学时。

【工作情景描述】

某专业学生完成机械制图课程的学习需要借助典型零件实物,因此委托某学院数控中心加工。实习生必须在 5 天时间内了解典型零件外形特点、分析图样、制定工艺、编制程序、加工并完成检验。供学习用典型零件图样如图 1-0-1 所示。

【工作流程与活动】

学习活动 1:典型零件的图样分析(2 学时)

学习活动 2:典型零件的工艺准备与程序编制(6 学时)

学习活动 3:典型零件的加工(10 学时)

学习活动 4:典型零件的检验与质量分析(4 学时)

学习活动 5:典型零件的成果展示与总结评价(2 学时)

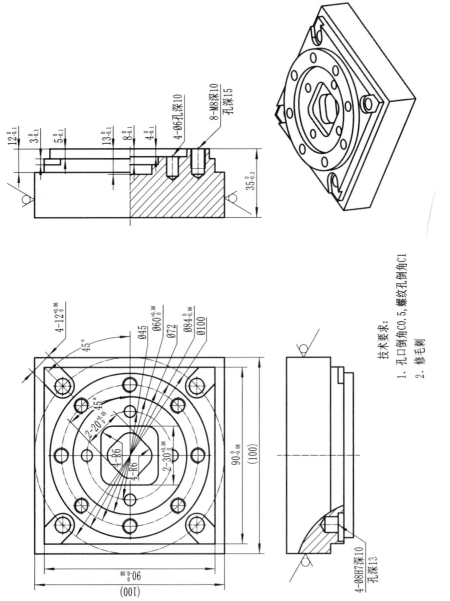

技术要求：
1. 孔口倒角C0.5, 螺纹孔倒角C1
2. 修毛刺

图1-0-1 典型零件图件

学习活动 1　典型零件的图样分析

【学习目标】

- 能通过识读图样,获取图样中的工艺要求等信息。
- 能准确计算零件图样中的基本坐标。
- 能应用笛卡尔直角坐标系判别数控铣床的各控制轴及方向。
- 能叙述工件坐标系与机床坐标系的关系,并能正确建立工件坐标系。

【建议学时】

2 学时。

【学习过程】

一、接受任务

1.听教师描述本次加工任务,参考典型零件的特征,从以下两方面谈谈你对数控铣削加工的认识。

(1)适合数控铣削加工的零件类型有哪些?

(2)数控铣削采用刀具的主要类型及其适用场合是什么?

2.根据任务要求,制订合理的工作进度计划,并根据小组成员的特点进行分工(表 1-1-1)。

表 1-1-1　成员分工

序号	工作内容	时间	成员	负责人
1	工艺分析			
2	编制程序			
3	零件加工			
4	零件检验与质量分析			

二、识读图样

1.本零件的加工部位有哪些？分别采用什么加工方法？

2.根据本加工任务的零件外形尺寸选择合适的毛坯,并在图框中绘制毛坯图样。

(1)毛坯的材质牌号为_____,材料的名称为_____。

(2)毛坯相对于零件外形基本尺寸的余量为_____mm。

(3)毛坯尺寸确定为_____mm×_____mm×_____mm。

3.分析零件图样,写出本零件的关键尺寸,并进行相应的尺寸公差计算,为编程做准备。

三、确定工件坐标系

1.为了准确确定数控铣床上运动部件的移动方向,数控编程与操作离不开机床坐标系的建立。查阅资料,学习有关机床坐标系及坐标轴方向的内容,并回答有关问题。

(1)为了确定机床的运动方向、移动距离,就要在机床上建立一个坐标系,即机床坐标系。在编制程序时,就可以以该坐标系来规定刀具的运动方向和距离。如图 1-1-1 所示,数控机床坐标系采用符合右手定则规定的笛卡尔直角坐标系,其中三根手指对应轴的方向分别是什么?

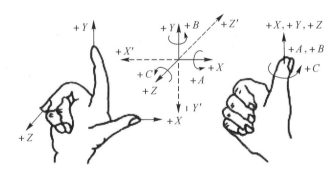

图 1-1-1　笛卡尔直角坐标系判定方法

1)大拇指指向:

2)食指方向:

3)中指方向:

(2)根据笛卡尔直角坐标系画出立式数控铣床的 Z 轴与 X 轴、Y 轴方向。

(3)根据笛卡尔直角坐标系画出卧式数控铣床的 Z 轴与 X 轴、Y 轴方向。

2.如图 1-1-2 所示,数控铣床的机床原点、机床参考点对数控铣床编程与加工是十分重要的概念。在装有增量位置编码器的数控铣床开机时,必须先通过将工作台、主轴返回参考点的操作确定机床原点。这样,通过确认参考点就确定了机床坐标系原点。只有机床坐标系原点被确认后,刀具(或工作台)移动才有基准。查阅资料回答以下问题。

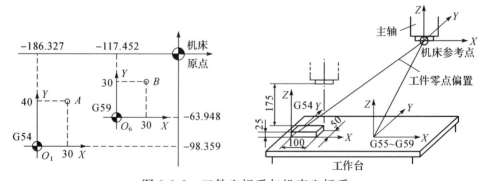

图 1-1-2 工件坐标系与机床坐标系

（1）机床原点的概念：

（2）机床参考点的概念：

（3）你所使用的机床在加工前是否要先确定机床参考点？为什么？

3.工件坐标系是固定于工件上的笛卡尔直角坐标系,是编程人员在编制程序时用来确定刀具和程序起点的,该坐标系的原点可由编程人员根据具体情况确定,但坐标系的方向应与机床坐标系一致并且与之有确定的尺寸关系。通过学习,在图中绘制工件坐标系,并回答:建立工件坐标系的目的是什么？不建立工件坐标系会出现什么后果？

四、计算基点坐标

编程时需要知道每一个基点的坐标,如果工件坐标系原点设在工件的中心, 确定本零件图形各基点的坐标。

试着标出本零件图形的基点并计算各点的坐标(图 1-1-3、表 1-1-2)。

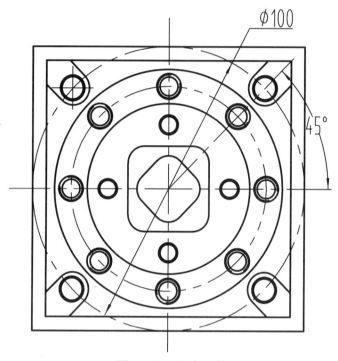

图 1-1-3　基点坐标

表 1-1-2　基点坐标

序号	X 坐标	Y 坐标	序号	X 坐标	Y 坐标	序号	X 坐标	Y 坐标	序号	X 坐标	Y 坐标

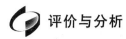 评价与分析

进行考核评价与分析(表1-1-3)。

表1-1-3 过程考核评价 I

姓名		班级		单位			
评价内容				分值	自评(30%)	互评(30%)	师评(40%)
职业素养(30%)：							
1.出勤准时率				6			
2.学习态度				8			
3.承担任务量				6			
4.团队协作性				10			
专业能力(70%)：							
1.工作计划的可行性				10			
2.识读图样				30			
3.计算基点坐标				20			
4.加工可行性分析的逻辑性和结论正确性				10			
总　计				100			

组长签名：　　　　　　　　　　　　教师签名：

学习活动 2　典型零件的工艺准备与程序编制

【学习目标】

- 能正确选择刀具和夹具。
- 能合理安排零件的加工顺序。
- 能正确填写零件的加工工艺卡片。
- 能绘制刀具路径图。
- 能正确运用刀具半径补偿指令编制程序,按照程序格式要求编制数控铣削加工程序。

【建议学时】

6 学时。

【学习过程】

一、选择夹具

本任务中零件加工的装夹方式是什么? 叙述安装过程。

二、选择刀具

根据典型零件的加工内容,选择合适刀具,完成刀具卡(表 1-2-1)。

表 1-2-1 刀具卡

零件名称			零件图号				
设备名称		设备型号			材料名称		
刀具编号	刀具名称	刀具材料及牌号	加工内容	刀具参数		刀补地址	
				直径	长度	直径	长度
T1	寻边器	高速钢					
T2	端铣刀	硬质合金					
T3	键槽铣刀	高速钢					
T4	键槽铣刀	高速钢					
T5	钻头	高速钢					
T6	钻头	高速钢					
T7	丝锥	高速钢					
T8	钻头	高速钢					
T9	铰刀	高速钢					
编制		审核		批准		第 页	共 页

三、制定工艺方案

确定零件的加工顺序并填写数控加工工艺卡（表 1-2-2～表 1-2-4）。

表 1-2-2 零件加工工艺卡

机械加工工艺过程卡片		产品型号		100mm×100mm×37mm	零件图号		1		文件编号			
		产品名称			零件名称		1		共1页	第1页		
材料牌号	AL12	毛坯种类	型材	毛坯外形尺寸	型材100mm×100mm×37mm	每毛坯件数		每台件数	1	备注		
工序号	工序名称	工序内容				车间	工段	设备	工艺装备		工时	
											准终	单件
10	下料	型材100mm×100mm×37mm										
20	铣	先铣底面，再铣上表面，并保证尺寸35mm				数铣		数铣VMC850	铣刀、数显卡尺、平口钳			
30	铣	铣90×90轮廓，铣D80圆台，铣D60圆槽，铣轮廓30×30四方槽，铣轮廓20×20四方槽，铣四个外斜槽				数铣		数铣VMC850	铣刀、数显卡尺、平口钳			
40	钳	倒角、修毛刺、检查、入库				检验			带表游标卡尺、专用量具			
								设计（日期）	校核（日期）	标准化（日期）	会签（日期）	审核（日期）
标记	处数	更改文件号	签字	日期	标记	处数	更改文件号	签字	日期			

附件

描图
描校
底图号
装订号

表 1-2-3 数控加工工序卡

零件名称	典型零件	零件图号		夹具名称	平口钳
设备名称	数控铣		设备型号		VMC850
材料名称	LY12	工序名称		工序号	

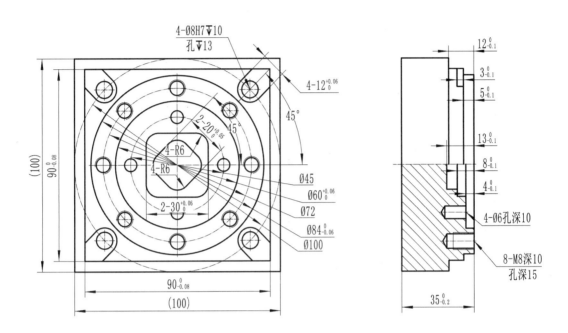

工步号	工步内容	切削用量			刀具		量具名称	程序号
		n	f	a_p	编号	名称		
1	铣底面	1000	300	0.5	T1	Φ80	带表游标卡尺	
2	铣上表面	1000	300	0.5	T1	Φ80	带表游标卡尺	
3	铣四方	1000	300	12	T2	Φ16	带表游标卡尺、千分尺	
4	铣圆台	1000	300	5	T2	Φ16	带表游标卡尺、千分尺	
5	铣内圆槽	1000	300	4	T2	Φ16	带表游标卡尺	
6	铣内四方	1000	300	4	T3	Φ10	带表游标卡尺	

表 1-2-4　数控加工工序卡

零件名称	典型零件	零件图号		夹具名称	平口钳
设备名称	数控铣		设备型号		VMC850
材料名称	LY12	工序名称		工序号	

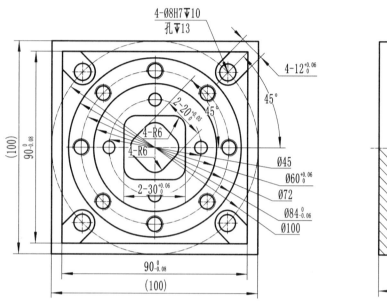
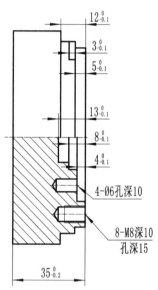

工步号	工步内容	切削用量			刀具		量具名称	程序号
		n	f	a_p	编号	名称		
7	铣内斜四方	1000	300	5	T3	$\Phi10$	带表游标卡尺	
8	铣外斜直槽	1000	300	3	T3	$\Phi10$	带表游标卡尺	
9	钻4个D6孔	1000	60		T4	$\Phi6$	带表游标卡尺	
10	加工 8 个 M8 底孔	1000	60		T5	$\Phi6.8$	带表游标卡尺	
11	加工 8 个 M8 螺纹孔	100	125		T6	M8	带表游标卡尺、螺纹塞规	
12	加工 4 个 D8H7 底孔	1000	60		T7	$\Phi7.8$	带表游标卡尺	

四、编制程序

1.要完成零件的加工,首先要学会零件加工程序的编制。在了解程序的组成与格式的基础上,查阅资料学习编程指令的格式、应用场合。然后,结合零件图样,判断在数控铣削加工中是否应用到这些指令。

(1)查阅资料学习编程指令,并填表 1-2-5。

表 1-2-5　指令名称

序号	指令名称	图示	指令格式	应用场合
1	快速定位			
2	直线插补			
3	圆弧插补			

(2)根据以上指令的应用场合并结合零件图样,选择适合零件加工的指令,并说明理由,填入表 1-2-6。

表 1-2-6　指令选择

序号	选择的指令	应用理由

2.在零件的加工过程中,需要依靠辅助指令才能完成机床或系统的开、关等辅助动作,如换刀、开停冷却泵、主轴正反转以及程序结束等。查阅资料,写出下列辅助编程指令的格式、应用场合,以及判断零件加工是否应用到这些指令。

(1)查阅资料学习编程指令,并填入表 1-2-7。

表 1-2-7　指令名称

序号	指令名称	指令格式	应用场合
1	程序暂停		
2	程序选择性暂停		
3	主轴正转		
4	主轴反转		
5	主轴停止		
6	程序结束		
7	刀具指令		
8	主轴转速		
9	每分钟进给		
10	每转进给		

(2)根据以上指令的应用场合并结合零件图样,选择适合零件加工的指令,并说明理由,填入表 1-2-8。

表 1-2-8　指令选择

序号	选择的指令	应用理由

3. 手工绘制零件加工刀具路径,包括下刀位置、起刀位置、切削路径等。

4. 思考:如图 1-2-1 所示,将刀具中心沿零件的轮廓线进行加工,能否得到正确的零件? 如果不能,该如何调整?

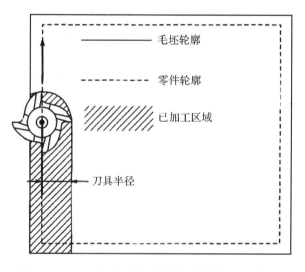

图 1-2-1　刀具中心沿零件轮廓线加工示意图

5. 刀具半径补偿的作用是什么? 与刀具半径补偿有关的指令有哪些? 刀具半径补偿指令的格式是什么?

6. 如何判断 G41、G42 的刀具轨迹方向？

7. 根据自己建立的工件坐标系和坐标点数值，以及正确的程序格式，在下列程序单中填写加工程序（表 1-2-9～表 1-2-15）。

表 1-2-9　四方加工程序

程序段号	程序	程序段号	程序

表 1-2-10　外圆加工程序

程序段号	程序	程序段号	程序

表 1-2-11　内圆加工程序

程序段号	程序	程序段号	程序

表 1-2-12　内四方加工程序

程序段号	程序	程序段号	程序

表 1-2-13　内斜四方加工程序

程序段号	程序	程序段号	程序

表 1-2-14 外斜直槽加工程序

程序段号	程序	程序段号	程序

表 1-2-15 钻孔加工程序

程序段号	程序	程序段号	程序

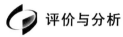 评价与分析

进行考核评价与分析(表 1-2-16)。

表 1-2-16　过程考核评价 II

姓名		班级		单位			
评价内容				分值	自评(30%)	互评(30%)	师评(40%)
职业素养(30%):							
1.出勤准时率				6			
2.学习态度				8			
3.承担任务量				6			
4.团队协作性				10			
专业能力(70%):							
1.选择夹具的正确性				5			
2.选择刀具的正确性				5			
3.制定工艺方案的合理性				30			
4.编制程序的正确性				30			
总　计				100			
小组综合评价:				非常满意			
				满意			
				不太满意			
				不满意			

组长签名:　　　　　　　　　　　　　教师签名:

学习活动 3 典型零件的加工

【学习目标】

- 能遵守实训车间各项规定,并规范使用数控铣床。
- 能独立完成零件的装夹、刀具的选择、不同刀具的对刀等操作。
- 能设置刀具半径补偿。
- 能独立完成零件的加工并完善程序。

【建议学时】

10 学时。

【学习过程】

一、熟悉机床

1. 了解你所使用的数控铣床,观察操作面板,完成表 1-3-1。

表 1-3-1 按键名称

按键名称	功能说明

2.按正确的操作顺序将机床打开,返回参考点,并记录操作过程。

3.本学习任务的零件上表面需要先使用端铣刀加工平整。使用机床的手轮进行手动端面切削,按照提示操作,并记录操作过程(表 1-3-2)。

表 1-3-2　手动铣平面操作步骤

步骤	操作过程

二、建立工件坐标系

1.基准工具是指对刀时所使用的具有高精度尺寸的对刀杆、接触式对刀仪等工具,可连接刀柄并安装于主轴。安装对刀工具,完成 X、Y 和 Z 向对刀,记录操作过程(表 1-3-3)。

表 1-3-3 对刀操作步骤

步骤	操作过程

2.对刀后的 MDI 程序校验指利用 MDI 功能进行手动单段编程,程序段指令内容为指定一个工件坐标点,运行后可校验刀具实际移动到的位置是否符合程序给定的坐标。在建立工件坐标系后,使用程序段将刀具移动到工件坐标系 X0Y0Z200 的位置,并对刀具的实际位置进行校验。

三、零件加工

1.选择合适的刀具并对刀,输入程序并完成加工,观察加工路径是否符合图样要求,记录操作过程(表 1-3-4)。

表 1-3-4　加工操作步骤

步骤	操作过程

　　2.根据加工轮廓形状判断加工程序的对错,并经小组讨论后修改零件加工程序,填入表 1-3-5。

表 1-3-5　零件加工程序修改

序号	程序错误	修改意见

　　3.程序运行结束,在机床上实时完成对零件尺寸的检测,并填写表 1-3-6。

表 1-3-6　零件尺寸测量

检测内容	序号	检测项目	自测结果	是否合格
零件尺寸	1	工件高度 $35^{0}_{-0.2}$ mm		
	2	90×90mm 四方轮廓		
	3	四方高度 $12^{0}_{-0.1}$ mm		
	4	圆台 $\Phi84^{0}_{-0.06}$ mm		
	5	圆台高度 $5^{0}_{-0.1}$ mm		
	6	圆槽 $\Phi60^{+0.06}_{0}$ mm		
	7	圆槽深度 $4^{0}_{-0.1}$ mm		
	8	30×30mm 四方轮廓		
	9	30×30mm 四方深度 $8^{0}_{-0.1}$ mm		
	10	20×20mm 四方轮廓		
	11	20×20mm 四方深度 $13^{0}_{-0.1}$ mm		
	12	R6		
	13	斜槽 $12^{+0.06}_{0}$ mm		
	14	斜槽深度 $3^{0}_{-0.1}$ mm		
	15	4-$\Phi6$ 深 10		
	16	8-M8 深 10		
	17	4-$\Phi8H7$ 深 10/孔深 13		
倒角	18	C1		
表面质量	19	C1		

4.检验零件的加工精度,对不合格项目提出工艺方案修改意见(表 1-3-7)。

表 1-3-7　不合格项目修改意见

序号	不合格项目	修改意见

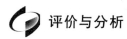 评价与分析

进行考核评价与分析(表 1-3-8)。

表 1-3-8 过程考核评价 Ⅲ

姓名		班级		单位		
评价内容			分值	自评(30%)	互评(30%)	师评(40%)
职业素养(30%):						
1.出勤准时率			6			
2.学习态度			8			
3.承担任务量			6			
4.团队协作性			10			
专业能力(70%):						
1.准备工作的充分性			5			
2.操作机床的规范性和安全性			5			
3.操作过程的精益化工作理念			10			
4.零件加工质量稳定性			20			
5.在线检验数据的可信度			10			
6.数据分析及精度控制的正确性			10			
7.安全文明生产及 6S			10			
总　　计			100			
工作时间			提前完成			
			准时完成			
			滞后完成			
个人认为完成得好的地方						
值得改进的地方						
小组综合评价:			非常满意			
			满意			
			不太满意			
			不满意			
组长签名:			教师签名:			

学习活动 4　典型零件的检验与质量分析

【学习目标】

· 能根据典型零件图样,合理选择检验工具和量具,确定检测方法,完成典型零件各要素的直接和间接测量。

· 能根据典型零件的检测结果,分析产生误差的原因。

· 能规范地使用工量具,并对其进行合理保养和维护。

· 能根据检测结果正确填写检验报告单。

· 能按检验室管理要求正确放置检验工量具。

【建议学时】

4 学时。

【学习过程】

一、明确测量要素,领取检测用量具

1.典型零件有哪些要素需要测量?

2.根据典型零件测量要素,写出检测典型零件所对应的量具,并填入表 1-4-1 中。

表 1-4-1　检测典型零件所对应的量具

序号	量具名称	量具规格	检测内容	备注

二、检测零件,填写典型零件质量检验单

根据图样要求,自检典型零件,并填写质量检验单(表 1-4-2)。

表 1-4-2　零件质量检验单

序号	检测内容	检测项目	分值	自测结果	得分	互测结果	得分
1		$35^{0}_{-0.2}$ mm	4				
2		$90^{0}_{-0.08}$ mm	8				
		$12^{0}_{-0.1}$ mm	4				
3		$\Phi84^{0}_{-0.06}$ mm	8				
		$5^{0}_{-0.1}$ mm	4				
4		$\Phi60^{+0.06}_{0}$ mm	8				
		$4^{0}_{-0.1}$ mm	4				
5	零件尺寸	$30^{+0.06}_{0}$ mm	8				
		$8^{0}_{-0.1}$ mm	4				
		R6	1				
6		$20^{+0.05}_{0}$ mm	8				
		$13^{0}_{-0.1}$ mm	4				
		45°	1				
		R6	1				
7		$12^{+0.06}_{0}$ mm	4				
		45°	1				
		$3^{0}_{-0.1}$ mm	4				
8		孔深 10mm	1				
9		Φ8H7	2				
		孔深 10mm	1				
10		M8	2				
		孔深 10mm	1				
11	倒角	C1	1				
		C0.5	1				
12	表面质量						
总　分							
产生不合格品的情况分析							

三、误差分析

根据检测结果进行误差分析,将分析结果填写在误差分析表中(表1-4-3)。

表1-4-3　误差分析表

测量内容		零件名称	
测量工具和仪器		测量人员	
班级		日期	

测量目的:

测量步骤:

测量要领:

结论		
质量问题	产生原因	修正措施
外形尺寸误差		
几何公差误差		
表面粗糙度误差		
其他误差		

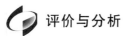 评价与分析

进行考核评价与分析(表1-4-4)。

表1-4-4 过程考核评价 Ⅳ

姓名		班级		单位			
评价内容				分值	自评(30%)	互评(30%)	师评(40%)
职业素养(30%):							
1.出勤准时率				6			
2.学习态度				8			
3.承担任务量				6			
4.团队协作性				10			
专业能力(70%):							
1.测量要素与量具的正确选择				15			
2.零件检测数据的准确性				30			
3.误差分析的完整性、严谨性				20			
4.零件检验与质量分析的准确性				5			
总 计				100			
个人认为完成得好的地方							
值得改进的地方							
小组综合评价:				非常满意			
				满意			
				不太满意			
				不满意			

组长签名: 教师签名:

学习活动 5　典型零件的成果展示与总结评价

【学习目标】

• 能积极展示学习成果,在小组讨论中总结和反思,提高学习效率。
• 能遵守实训车间规定,整理打扫现场。

【建议学时】

2 学时。

【学习过程】

一、个人总结

1.你能否在规定时间内完成零件的加工? 如果不能,原因是什么?

2.通过零件加工你学到了哪些编程知识与加工技能?
(1)编程知识:

(2)加工技能:

一、团队总结

1.组内讨论分析任务完成情况。
制定工作总结提纲:_____

_____

_____

_____

_____

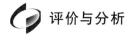 评价与分析

进行考核评价与分析(表 1-5-1)。

表 1-5-1 过程考核评价 V

姓名		班级		单位			
评价内容				分值	自评(30%)	互评(30%)	师评(40%)
职业素养(30%):							
1.出勤准时率				6			
2.学习态度				8			
3.承担任务量				6			
4.团队协作性				10			
专业能力(70%):							
1.项目总结的完整性、规范性				15			
2.项目总结的科学严谨性				15			
3.项目总结的应用工艺及方法正确性				25			
4.汇报展示				15			
总　计				100			
个人认为完成得好的地方							
值得改进的地方							
小组综合评价:				非常满意			
				满意			
				不太满意			
				不满意			

组长签名:　　　　　　　　　　　　　　教师签名:

学习任务二　旋盖机固定板零件加工

【学习目标】

理论知识目标：

1.能正确编制旋盖机固定板零件的加工工艺卡片,并绘制刀具路径图。

2.能正确运用编程指令,按照程序格式要求编制加工程序。

3.能合理选择加工刀具与切削用量。

实践技能目标：

1.能熟练操作数控铣床,完成零件加工。

2.能测量工件加工精度。

【建议学时】

24学时。

【工作情景描述】

某企业需定制一批旋盖机中的固定板50件,委托某学院数控中心加工。该公司提供零件加工图纸及毛坯,要求按照零件图纸技术要求加工,交货期为10天,现车间安排数控实习生完成此加工任务。旋盖机固定板零件图样见图2-0-1所示。

【工作流程与活动】

学习活动1:固定板的图样分析(2学时)

学习活动2:固定板的工艺准备与程序编制(6学时)

学习活动3:固定板的零件加工(10学时)

学习活动4:固定板的检验与质量分析(4学时)

学习活动5:固定板的成果展示与总结评价(2学时)

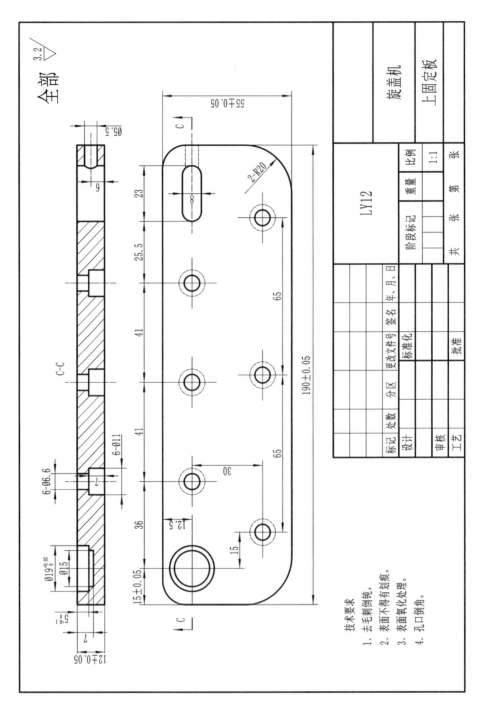

图2-0-1 旋盖机固定板零件图样

学习活动 1　固定板的图样分析

【学习目标】

- 能分析明确图样中各加工要素的形状尺寸和位置尺寸。
- 能计算基点坐标。

【建议学时】

2 学时。

【学习过程】

一、接受任务

听教师描述本次加工任务,根据任务要求,制订合理的工作进度计划,并根据小组成员的特点进行分工(表 2-1-1)。

表 2-1-1　成员分工

序号	工作内容	时间	成员	负责人
1	工艺分析			
2	编制程序			
3	零件加工			
4	零件检验与质量分析			

二、识读图样

1. 本零件的加工部位有哪些?分别采用什么加工方法?

2.根据本加工任务的零件外形尺寸选择合适的毛坯,并在图框中绘制毛坯图样。

(1)毛坯的材质牌号为_____,材料的名称为_____。

(2)毛坯相对于零件外形基本尺寸的余量为_____mm。

(3)毛坯尺寸确定为_____mm×_____mm×_____mm。

3.分析零件图样,列出主要尺寸中带有公差的尺寸,并计算其极限尺寸,说明加工精度控制范围。

(1)带有公差的尺寸:

(2)极限尺寸:

（3）精度控制范围：

三、计算基点坐标

在图 2-1-1 上画出工件坐标系，将基点坐标填入表 2-1-2 中，说明工件坐标系原点设置的优缺点。

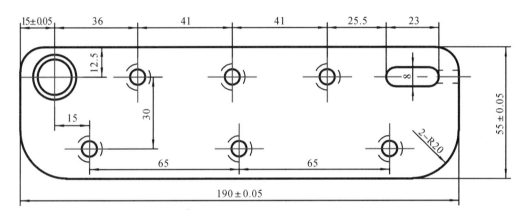

图 2-1-1 零件图样

表 2-1-2 基点坐标

序号	X 坐标	Y 坐标	序号	X 坐标	Y 坐标	序号	X 坐标	Y 坐标	序号	X 坐标	Y 坐标

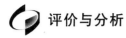 评价与分析

进行考核评价与分析(表 2-1-3)。

表 2-1-3　过程考核评价 I

姓名		班级		单位			
评价内容				分值	自评(30%)	互评(30%)	师评(40%)
职业素养(30%):							
1.出勤准时率				6			
2.学习态度				8			
3.承担任务量				6			
4.团队协作性				10			
专业能力(70%):							
1.工作计划的可行性				10			
2.识读图样				30			
3.计算基点坐标				20			
4.加工可行性分析的逻辑性和结论正确性				10			
总　　计				100			

组长签名:　　　　　　　　　　　　教师签名:

学习活动 2　固定板的工艺准备与程序编制

【学习目标】

- 能识别并选用常用数控铣削刀具和夹具。
- 能合理选择切削用量,并进行切削参数的计算。
- 能正确填写零件的加工工艺卡片。
- 能正确编制固定板零件的加工程序。

【建议学时】

6 学时。

【学习过程】

一、选择夹具

本任务中零件加工的装夹方式是什么? 叙述安装过程。

二、选择刀具

根据典型零件的加工内容,选择合适刀具,完成刀具卡(表 2-2-1)。

表 2-2-1 刀具卡

零件名称		上固定板		零件图号			
设备名称		加工中心	设备型号	VMC850	材料名称		LY12
刀具编号	刀具名称	刀具材料及牌号	加工内容	刀具参数		刀补地址	
				直径	长度	直径	长度
1	端铣刀	硬质合金	铣平面	Φ80	30		
2	立铣刀	高速钢	铣外形	Φ16	15	7.98	
3	立铣刀	高速钢	铣内圆	Φ10	10	4.8	
4	镗刀	硬质合金	镗内圆	Φ19	10		
5	立铣刀	高速钢	铣键槽	Φ6	15	2.9	
6	点孔钻	高速钢	点所有孔位置	Φ10	20		
7	钻头	高速钢	钻孔	Φ6.6	30		
8	倒角刀	高速钢	所有孔、边倒角	Φ10	15	3	
9	立铣刀	高速钢	扩孔	Φ11	15		
10	钻头	高速钢	钻孔	Φ5.5	30		
编制		审核		批准		第 页	共 页

三、制定工艺方案

确定零件的加工顺序并填写数控加工工艺卡片（表 2-2-2～表 2-2-5）。

表 2-2-2　零件加工工艺卡

	机械加工工艺过程卡片	产品型号		零件图号		文件编号		
附件		产品名称	旋盖机	零件名称	1	共 1 页	第 1 页	
材料牌号	AL12	毛坯种类	型材	毛坯外形尺寸	195mm×60mm×15mm	每毛坯件数	每台件数 1	备注

工序号	工序名称	工序内容	车间	工段	设备	工艺装备	备注	工时 准终	单件
10	下料	型材 195mm×60mm×15mm							
20	铣	夹尺寸 55mm 两侧面,铣大平面,铣四方,铣镗孔 D19、D15,粗精铣尺寸 8mm 长腰槽,点孔 D6.6,钻孔 D6.6	数铣		加工中心 VMC850	铣刀、内径量表、游标卡尺、平口钳			
30	铣	夹尺寸 55mm 两侧面,铣大平面,铣孔 6-D11	数铣		加工中心 VMC850	铣刀、游标卡尺、平口钳			
40	铣	点孔 D5.5,钻孔 D5.5	数铣		加工中心 VMC850	带表游标卡尺、钻头、专用量具			
50	钳	倒角,修毛刺,检查,入库	检验			带表游标卡尺、专用量具			
					设计（日期）	校核（日期）	标准化（日期）	会签（日期）	审核（日期）
描图									
描校									
底图号									
装订号									
标记	处理	更改文件号	签字	日期	标记	处理	更改文件号	签字	日期

表 2-2-3　数控加工工序卡

零件名称	上固定板	零件图号		夹具名称	平口钳
设备名称	加工中心		设备型号	VMC850	
材料名称	LY12	工序名称	正面加工	工序号	1

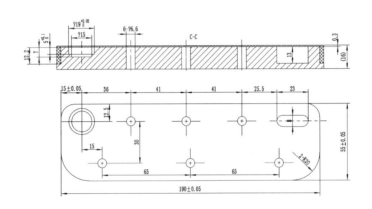

工步号	工步内容	切削用量			刀具		量具名称	程序号
		n	f	a_p	编号	名称		
1	铣平面	1500	500	0.2	1	Φ80	带表游标卡尺	O1
2	粗铣外形	1000	300	12.2	2	Φ16	带表游标卡尺	O2
3	精铣外形	1200	300	12.2	2	Φ16	千分尺	O3
4	粗、精铣孔 Φ15	1000	150	7	3	Φ10	带表游标卡尺	O4
5	粗铣孔 Φ19	1000	150	5	3	Φ10	带表游标卡尺	O5
6	精铣孔 Φ19 底面	1000	150	5	3	Φ10	带表游标卡尺	O6
7	镗孔 Φ19	1500	100	0.1	4	Φ19	内径量表	O7
8	铣键槽 8×23 ×13	1000	150	3	5	Φ6	带表游标卡尺	O8
9	点孔 6-Φ6.6	1000	150	3	6	Φ10	带表游标卡尺	O9
10	钻孔 6-Φ6.6	1000	100	3.3	7	Φ6.6	带表游标卡尺	O10
11	倒角	3000	500	0.5	8	Φ10	带表游标卡尺	O11

表 2-2-4　数控加工工序卡

零件名称	上固定板	零件图号		夹具名称	平口钳
设备名称	加工中心			设备型号	VMC850
材料名称	LY12	工序名称	反面加工	工序号	2

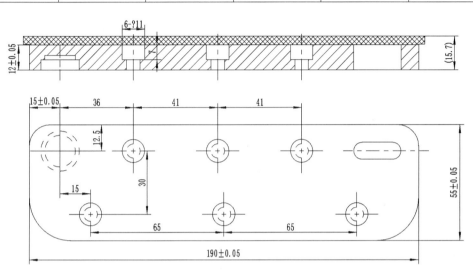

工步号	工步内容	切削用量			刀具		量具名称	程序号
		n	f	a_p	编号	名称		
1	铣平面	1500	500	0.2	1	Φ80	千分尺	O12
2	扩孔 6-Φ11	1000	100	3	2	Φ11	带表游标卡尺	O13
3	倒角	3000	500	0.5	3	Φ10	带表游标卡尺	O14

表 2-2-5　数控加工工序卡

零件名称	上固定板	零件图号		夹具名称	平口钳
设备名称	加工中心		设备型号		VMC850
材料名称	LY12	工序名称	侧面加工	工序号	3

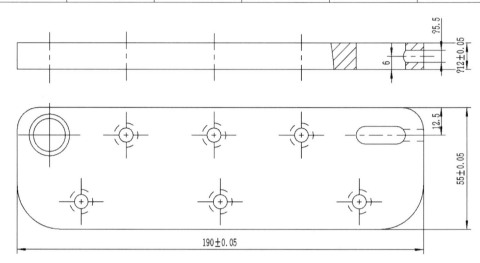

工步号	工步内容	切削用量			刀具		量具名称	程序号
		n	f	a_p	编号	名称		
1	点孔 Φ5.5	1000	150	3	1	Φ10	带表游标卡尺	O15
2	钻孔 Φ5.5	1000	100	3.3	2	Φ5.5	带表游标卡尺	O16
3	孔口倒角 Φ5.5	1000	100	3.3	3	Φ10	带表游标卡尺	O17

四、编制程序

1.根据图样确定编程原点并绘制草图表示。

2.根据零件图样及加工工艺,结合所学数控系统知识,归纳出上固定板零件需用的编程指令,包括 G 代码指令和辅助指令(表 2-2-6)。

表 2-2-6　调节轴座零件需用的编程指令

序号	选择的指令	指令格式

3.手工绘制上固定板零件加工刀具路径,包括下刀位置、起刀位置、切削路径等。

4.根据自己建立的工件坐标系和坐标点数值,以及正确的程序格式,在程序单中填写加工程序(表 2-2-7～表 2-2-13)。

表 2-2-7 _____ 加工程序

程序段号	程序	程序段号	程序

表 2-2-8 ＿＿＿＿＿＿加工程序

程序段号	程序	程序段号	程序

表 2-2-9 ＿＿＿＿＿＿加工程序

程序段号	程序	程序段号	程序

表 2-2-10 ＿＿＿＿＿＿＿＿加工程序

程序段号	程序	程序段号	程序

表 2-2-11 ＿＿＿＿＿＿＿＿加工程序

程序段号	程序	程序段号	程序

表 2-2-12 ＿＿＿＿＿＿加工程序

程序段号	程序	程序段号	程序

表 2-2-13 ＿＿＿＿＿＿加工程序

程序段号	程序	程序段号	程序

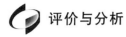 评价与分析

进行考核评价与分析(表 2-2-14)。

表 2-2-14　过程考核评价 Ⅱ

姓名		班级		单位			
评价内容				分值	自评(30%)	互评(30%)	师评(40%)
职业素养(30%)：							
1.出勤准时率				6			
2.学习态度				8			
3.承担任务量				6			
4.团队协作性				10			
专业能力(70%)：							
1.选择夹具的正确性				5			
2.选择刀具的正确性				5			
3.制定工艺方案的合理性				30			
4.编制程序的正确性				30			
总　　计				100			
小组综合评价：				非常满意			
				满意			
				不太满意			
				不满意			

组长签名：　　　　　　　　　　　　　　教师签名：

学习活动 3　固定板的零件加工

【学习目标】

- 能遵守实训车间各项规定,并规范使用数控铣床。
- 能独立完成零件的装夹、刀具的选择、不同刀具的对刀等操作。
- 能设置刀具半径补偿。
- 能独立完成零件的加工并完善程序。

【建议学时】

10 学时。

【学习过程】

一、零件加工

1.选择合适的刀具并对刀,输入程序并完成加工,观察加工路径是否符合图样要求,记录操作过程(表 2-3-1)。

表 2-3-1　加工操作步骤

步骤	操作过程

2.根据加工轮廓形状判断加工程序的对错,并经小组讨论后修改零件加工程序,填入表2-3-2。

表 2-3-2　零件加工程序修改

序号	程序错误	修改意见

3.程序运行结束,在机床上实时完成对零件尺寸的检测,并填入表2-3-3。

表 2-3-3　零件尺寸测量

检测内容	序号	检测项目	自测结果	是否合格
零件尺寸	1	190 ± 0.05		
	2	12 ± 0.05		
	3	15 ± 0.05		
	4	12.5		
	5	$\Phi19_{0}^{+0.02}$		
	6	7		
	7	$6-\Phi6.6$		
	8	$6-\Phi11$		
	9	7		
	10	8		
	11	23		
	12	$\Phi5.5$		
	13	6		
倒角	14	C1		
表面质量	15	Ra3.2		

54

4.检验零件的加工精度,对不合格项目提出工艺方案修改意见(表 2-3-4)。

表 2-3-4　不合格项目修改意见

序号	不合格项目	修改意见

评价与分析

进行考核评价与分析(表 2-3-5)。

表 2-3-5　过程考核评价 Ⅲ

姓名		班级		单位			
评价内容				分值	自评(30%)	互评(30%)	师评(40%)
职业素养(30%):							
1.出勤准时率				6			
2.学习态度				8			
3.承担任务量				6			
4.团队协作性				10			

续表

姓名		班级		单位			
评价内容				分值	自评(30%)	互评(30%)	师评(40%)
专业能力(70%)：							
1.准备工作的充分性				5			
2.操作机床的规范性和安全性				5			
3.操作过程的精益化工作理念				10			
4.零件加工质量稳定性				20			
5.在线检验数据的可信度				10			
6.数据分析及精度控制的正确性				10			
7.安全文明生产及6S				10			
总　计				100			
工作时间				提前完成			
				准时完成			
				滞后完成			
个人认为完成得好的地方							
值得改进的地方							
小组综合评价：				非常满意			
				满意			
				不太满意			
				不满意			

组长签名：　　　　　　　　　　　　　　　　教师签名：

学习活动 4 固定板的检验与质量分析

【学习目标】

- 能根据零件图样,合理选择检验工具和量具,确定检测方法,完成零件各要素的直接和间接测量。
- 能根据零件的检测结果,分析产生误差的原因。
- 能规范地使用工量具,并对其进行合理保养和维护。
- 能根据检测结果正确填写检验报告单。
- 能按检验室管理要求正确放置检验工量具。

【建议学时】

4 学时。

【学习过程】

一、明确测量要素,领取检测用量具

1.零件有哪些要素需要测量?

2.根据零件测量要素,写出检测零件所对应的量具,并填入表 2-4-1 中。

表 2-4-1 检测调节轴座所对应的量具

序号	量具名称	量具规格	检测内容	备注

二、检测零件,填写零件质量检验单

根据图样要求,自检零件,并填写质量检验单(表 2-4-2)。

表 2-4-2　零件质量检验单

序号	检测内容	检测项目	分值	自测结果	得分	互测结果	得分
1		190 ± 0.05	7				
		12 ± 0.05	16				
2		15 ± 0.05	8				
		12.5	7				
		$\Phi 19_0^{+0.02}$	4				
	零件尺寸	7	4				
3		$6\text{-}\Phi 6.6$	8				
		$6\text{-}\Phi 11$	8				
		7	4				
4		8	4				
		23	4				
		$\Phi 5.5$	10				
		6	5				
5	倒角	C1	5				
6	表面质量	Ra3.2	6				
总　　分			100				
产生不合格品的情况分析							

三、误差分析

根据检测结果进行误差分析,将分析结果填写在误差分析表中(表 2-4-3)。

表 2-4-3　误差分析表

测量内容		零件名称	
测量工具和仪器		测量人员	
班级		日期	

测量目的：

测量步骤：

测量要领：

结论

质量问题	产生原因	修正措施
外形尺寸误差		
几何公差误差		
表面粗糙度误差		
其他误差		

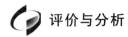 评价与分析

进行考核评价与分析(表2-4-4)。

表2-4-4　过程考核评价 Ⅳ

姓名		班级		单位			
评价内容				分值	自评(30%)	互评(30%)	师评(40%)
职业素养(30%):							
1.出勤准时率				6			
2.学习态度				8			
3.承担任务量				6			
4.团队协作性				10			
专业能力(70%):							
1.测量要素与量具的正确选择				15			
2.零件检测数据的准确性				30			
3.误差分析的完整性、严谨性				20			
4.零件检验与质量分析的准确性				5			
总　　计				100			
个人认为完成得好的地方							
值得改进的地方							
小组综合评价:					非常满意		
					满意		
					不太满意		
					不满意		

组长签名：　　　　　　　　　　　　教师签名：

学习活动5 固定板的成果展示与总结评价

【学习目标】

* 能积极展示学习成果,在小组讨论中总结和反思,提高学习效率。
* 能遵守实训车间规定,整理打扫现场。

【建议学时】

2学时。

【学习过程】

一、个人总结

1.你能否在规定时间内完成零件的加工? 如果不能,原因是什么?

2.通过零件加工你学到了哪些编程知识与加工技能?
(1)编程知识:

(2)加工技能:

二、团队总结

组内讨论分析任务完成情况。
制定工作总结提纲:_____

_____

_____

_____

_____

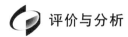 评价与分析

进行考核评价与分析(表 2-5-1)。

表 2-5-1　过程考核评价 V

姓名		班级		单位			
评价内容				分值	自评(30%)	互评(30%)	师评(40%)
职业素养(30%):							
1.出勤准时率				6			
2.学习态度				8			
3.承担任务量				6			
4.团队协作性				10			
专业能力(70%):							
1.项目总结的完整性、规范性				15			
2.项目总结的科学严谨性				15			
3.项目总结的应用工艺及方法正确性				25			
4.汇报展示				15			
总　　计				100			
个人认为完成得好的地方							
值得改进的地方							
小组综合评价:				非常满意			
				满意			
				不太满意			
				不满意			

组长签名:　　　　　　　　　　　　教师签名:

学习任务三　旋盖机墙板零件加工

【学习目标】

理论知识目标：

1.能正确编制旋盖机墙板零件的加工工艺卡片，并绘制刀具路径图。

2.能正确运用编程指令，按照程序格式要求编制加工程序。

3.能合理选择加工刀具与切削用量。

实践技能目标：

1.能熟练操作数控铣床，完成零件加工。

2.能测量工件加工精度。

【建议学时】

24 学时。

【工作情景描述】

某企业接到旋盖机的加工订单，委托某学院数控中心加工墙板零件。实习生必须在 7 天时间内了解零件外形特点、分析图样、制定工艺、编制程序、加工并完成检验。旋盖机墙板零件图样见图 3-0-1。

【工作流程与活动】

学习活动 1:墙板的图样分析(2 学时)

学习活动 2:墙板的工艺准备与程序编制(6 学时)

学习活动 3:墙板的零件加工(10 学时)

学习活动 4:墙板的检验与质量分析(4 学时)

学习活动 5:墙板的成果展示与总结评价(2 学时)

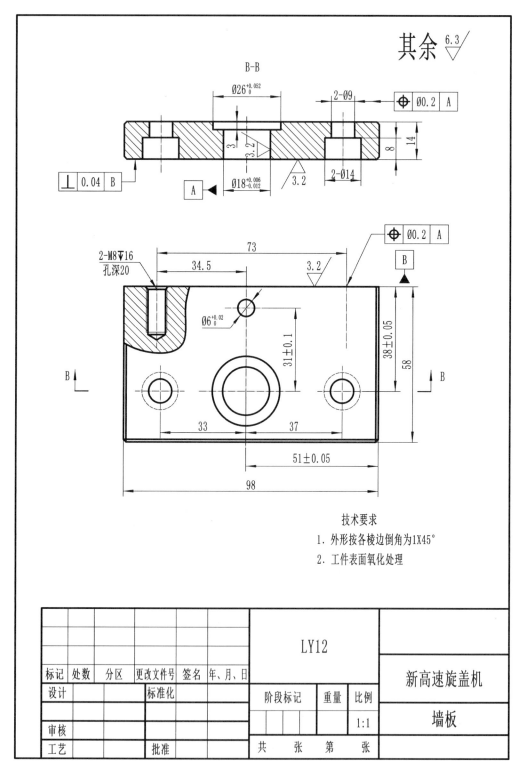

其余 6.3

技术要求
1. 外形按各棱边倒角为1X45°
2. 工件表面氧化处理

			LY12				
						新高速旋盖机	
标记	处数	分区	更改文件号	签名	年、月、日		
设计			标准化			阶段标记	重量	比例
									墙板
审核									1:1
工艺			批准			共 张 第 张	

图 3-0-1 旋盖机墙板零件图样

64

学习活动 1　墙板的图样分析

【学习目标】

- 能分析明确图样中各加工要素的形状尺寸和位置尺寸。
- 能通过图样分析明确几何尺寸公差的意义。
- 能计算基点坐标。

【建议学时】

2 学时。

【学习过程】

一、接受任务

1.听教师描述本次加工任务。

2.根据任务要求,制订合理的工作进度计划,并根据小组成员的特点进行分工(表 3-1-1)。

表 3-1-1　成员分工

序号	工作内容	时间	成员	负责人
1	工艺分析			
2	编制程序			
3	零件加工			
4	零件检验与质量分析			

二、识读图样

1.本零件的加工部位有哪些?分别采用什么加工方法?

2.根据本加工任务的零件外形尺寸选择合适的毛坯,并在图框中绘制毛坯图样。

(1)毛坯的材质牌号为_____,材料的名称为_____。

(2)毛坯相对于零件外形基本尺寸的余量为_____mm。

(3)毛坯尺寸确定为_____mm×_____mm×_____mm。

3.分析零件图样,列出主要尺寸中带有公差的尺寸,并计算其极限尺寸,说明加工精度控制范围。

(1)带有公差的尺寸:

(2)极限尺寸:

（3）精度控制范围：

4.从零件图样中找出 $\boxed{\oplus\ |\ \emptyset 0.2\ |\ A\ |}$ 、$\boxed{\perp\ |\ 0.04\ |\ B\ |}$ 两个标注符号,并说明其含义。
如加工后未达到以上两个标注的要求会对零件产生什么影响？

三、确定工件坐标系

在图 3-1-1 上画出工件坐标系,将基点坐标填入表 3-1-2 中,说明工件坐标
系原点设置的优缺点。

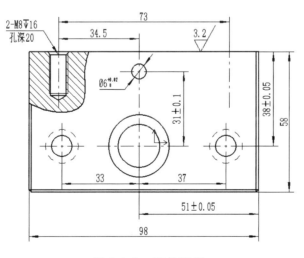

图 3-1-1　零件图样

表 3-1-2 基点坐标

序号	X 坐标	Y 坐标	序号	X 坐标	Y 坐标	序号	X 坐标	Y 坐标	序号	X 坐标	Y 坐标

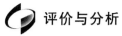 评价与分析

进行考核评价与分析(表3-1-3)。

表3-1-3　过程考核评价 I

姓名		班级		单位			
评价内容				分值	自评(30%)	互评(30%)	师评(40%)
职业素养(30%):							
1.出勤准时率				6			
2.学习态度				8			
3.承担任务量				6			
4.团队协作性				10			
专业能力(70%):							
1.工作计划的可行性				10			
2.识读图样				30			
3.计算基点坐标				20			
4.加工可行性分析的逻辑性和结论正确性				10			
总　　计				100			

组长签名：　　　　　　　　　　　　　教师签名：

学习活动 2　墙板的工艺准备与程序编制

【学习目标】

- 能识别并选用常用数控铣削刀具。
- 能合理选择切削用量，并进行切削参数的计算。
- 能正确填写零件的加工工艺卡片。
- 能正确编制固定板零件的加工程序。

【建议学时】

6 学时。

【学习过程】

一、选择夹具

本任务中零件加工的装夹方式是什么？叙述安装过程。

二、选择刀具

根据零件的加工内容，选择合适刀具，完成刀具卡（表 3-2-1）。

表 3-2-1 刀具卡

零件名称		旋盖机墙板		零件图号				
设备名称			设备型号			材料名称		
刀具编号	刀具名称	刀具材料及牌号		加工内容	刀具参数		刀补地址	
					直径	长度	直径	长度
编制			审核		批准		第 页	共 页

三、制定工艺方案

确定零件的加工顺序并填写数控加工工艺卡片(表 3-2-2～表 3-2-5)。

表 3-2-2　零件加工工艺卡

（企业名称）	机械加工工艺过程卡片	产品型号		零件图号		文件编号	
附件		产品名称		零件名称		共　页　第　页	

材料牌号	毛坯种类	毛坯外形尺寸		每毛坯件数	每台件数	备注	

序号	工序名称	工序内容	车间	工段	设备	工艺装备	工　时
							准终　单件

			设计（日期）	校核（日期）	标准化（日期）	会签（日期）	审核（日期）

描图							
描校							
底图号							
装订号							

标记	处理	更改文件号	签字	日期	标记	处理	更改文件号	签字	日期

72

表 3-2-3　数控加工工序卡

零件名称		零件图号		夹具名称	
设备名称			设备型号		
材料名称		工序名称		工序号	

工步号	工步内容	切削用量			刀具		量具名称	程序号
		n	f	a_{p}	编号	名称		

表 3-2-4　数控加工工序卡

零件名称		零件图号		夹具名称	
设备名称			设备型号		
材料名称		工序名称		工序号	

工步号	工步内容	切削用量			刀具		量具名称	程序号
		n	f	a_{p}	编号	名称		

表 3-2-5　数控加工工序卡

零件名称		零件图号		夹具名称	
设备名称			设备型号		
材料名称		工序名称		工序号	

工步号	工步内容	切削用量			刀具		量具名称	程序号
		n	f	a_p	编号	名称		

四、编制程序

1. 根据图样确定编程原点并绘制草图表示。

2. 根据零件图样及加工工艺，结合所学数控系统知识，归纳出墙板零件需用的编程指令，包括 G 代码指令和辅助指令，填入表 3-2-6 中。

表 3-2-6　墙板零件需用的编程指令

序号	选择的指令	指令格式

3.手工绘制墙板零件加工刀具路径,包括下刀位置、起刀位置、切削路径等。

4.该零件中的深孔采用什么方式来加工?

5.根据自己建立的工件坐标系和坐标点数值,以及正确的程序格式,在下列程序单中填写加工程序(表 3-2-7~表 3-2-11)。

表 3-2-7 _____ 加工程序

程序段号	程序	程序段号	程序

表 3-2-8 _____加工程序

程序段号	程序	程序段号	程序

表 3-2-9 _____加工程序

程序段号	程序	程序段号	程序

表 3-2-10 ＿＿＿＿＿＿＿加工程序

程序段号	程序	程序段号	程序

表 3-2-11 ＿＿＿＿＿＿＿加工程序

程序段号	程序	程序段号	程序

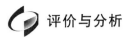 评价与分析

进行考核评价与分析(表 3-2-12)。

表 3-2-12　过程考核评价 Ⅱ

姓名		班级		单位			
评价内容				分值	自评(30%)	互评(30%)	师评(40%)
职业素养(30%):							
1.出勤准时率				6			
2.学习态度				8			
3.承担任务量				6			
4.团队协作性				10			
专业能力(70%):							
1.选择夹具的正确性				5			
2.选择刀具的正确性				5			
3.制定工艺方案的合理性				30			
4.编制程序的正确性				30			
总　　计				100			

小组综合评价:	非常满意	
	满意	
	不太满意	
	不满意	

组长签名:　　　　　　　　　　　教师签名:

学习活动3　墙板的零件加工

【学习目标】

- 能遵守实训车间各项规定,并规范使用数控铣床。
- 能独立完成零件的装夹、刀具的选择、不同刀具的对刀等操作。
- 能设置刀具半径补偿。
- 能独立完成零件的加工并完善程序。

【建议学时】

10学时。

【学习过程】

一、零件加工

1.选择合适的刀具并对刀,输入程序并完成加工,观察加工路径是否符合图样要求,记录操作过程(表3-3-1)。

表3-3-1　加工操作步骤

步骤	操作过程

2.根据加工轮廓形状判断加工程序的对错,并经小组讨论后修改零件加工程序,填入表 3-3-2 中。

表 3-3-2　零件加工程序修改

序号	程序错误	修改意见

3.程序运行结束,在机床上实时完成对零件尺寸的检测,并填入表 3-3-3 中。

表 3-3-3　零件尺寸测量

检测内容	序号	检测项目	自测结果	是否合格
零件尺寸	1	51 ± 0.05		
	2	38 ± 0.05		
	3	$\Phi26_{0}^{+0.052}$		
	4	$\Phi18_{-0.012}^{+0.006}$		
	5	3		
	6	33		
	7	37		
	8	$2-\Phi9$		
	9	$2-\Phi14$		
	10	8		
	11	31 ± 0.01		
	12	$\Phi6_{0}^{+0.02}$		
	13	M8		
倒角	14	C1		
表面质量	15	Ra3.2		

4.检验零件的加工精度,对不合格项目提出工艺方案修改意见,填入

表 3-3-4中。

表 3-3-4　不合格项目修改意见

序号	不合格项目	修改意见

评价与分析

进行考核评价与分析(表 3-3-5)。

表 3-3-5　过程考核评价Ⅲ

姓名		班级		单位			
评价内容				分值	自评(30%)	互评(30%)	师评(40%)
职业素养(30%):							
1.出勤准时率				6			
2.学习态度				8			
3.承担任务量				6			
4.团队协作性				10			

续表

姓名		班级		单位			
评价内容				分值	自评(30%)	互评(30%)	师评(40%)
专业能力(70%)：							
1. 准备工作的充分性				5			
2. 操作机床的规范性和安全性				5			
3. 操作过程的精益化工作理念				10			
4. 零件加工质量稳定性				20			
5. 在线检验数据的可信度				10			
6. 数据分析及精度控制的正确性				10			
7. 安全文明生产及 6S				10			
总　计				100			

工作时间	提前完成	
	准时完成	
	滞后完成	

个人认为完成得好的地方	
值得改进的地方	

小组综合评价：	非常满意	
	满意	
	不太满意	
	不满意	

组长签名：　　　　　　　　　　　教师签名：

学习活动 4　墙板的检验与质量分析

【学习目标】

- 能根据零件图样,合理选择检验工具和量具,确定检测方法,完成零件各要素的直接和间接测量。
- 能根据零件的检测结果,分析产生误差的原因。
- 能规范地使用工量具,并对其进行合理保养和维护。
- 能根据检测结果正确填写检验报告单。
- 能按检验室管理要求正确放置检验工量具。

【建议学时】

4 学时。

【学习过程】

一、明确测量要素,领取检测用量具

1.零件有哪些要素需要测量?

2.根据零件测量要素,写出检测零件所对应的量具,并填入表 3-4-1 中。

表 3-4-1　检测零件所对应的量具

序号	量具名称	量具规格	检测内容	备注

续表

序号	量具名称	量具规格	检测内容	备注

二、检测零件,填写零件质量检验单

根据图样要求,自检零件,并填写质量检验单(表 3-4-2)。

表 3-4-2　零件质量检验单

序号	检测内容	检测项目	分值	自测结果	得分	互测结果	得分
1	零件尺寸	51 ± 0.05	7				
		38 ± 0.05	16				
		$\Phi26_0^{+0.052}$	8				
		$\Phi18_{-0.012}^{+0.006}$	7				
		3	4				
		33	4				
		37	8				
		2-$\Phi9$	8				
		2-$\Phi14$	4				
		8	4				
		31 ± 0.01	4				
		$\Phi6_0^{+0.02}$	10				
		M8	5				
2	倒角	C1	5				
3	表面质量	Ra3.2	6				
总　分			100				

产生不合格品的情况分析

三、误差分析

根据检测结果进行误差分析，将分析结果填写在表 3-4-3 中。

表 3-4-3　误差分析表

测量内容		零件名称	
测量工具和仪器		测量人员	
班级		日期	

测量目的：

测量步骤：

测量要领：

结论		
质量问题	产生原因	修正措施
外形尺寸误差		
几何公差误差		
表面粗糙度误差		
其他误差		

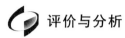 **评价与分析**

进行考核评价与分析(表 3-4-4)。

表 3-4-4　过程考核评价 IV

姓名		班级		单位			
评价内容				分值	自评(30%)	互评(30%)	师评(40%)
职业素养(30%):							
1.出勤准时率				6			
2.学习态度				8			
3.承担任务量				6			
4.团队协作性				10			
专业能力(70%):							
1.测量要素与量具的正确选择				15			
2.零件检测数据的准确性				30			
3.误差分析的完整性、严谨性				20			
4.零件检验与质量分析的准确性				5			
总　　计				100			
个人认为完成得好的地方							
值得改进的地方							
小组综合评价:					非常满意		
					满意		
					不太满意		
					不满意		

组长签名:　　　　　　　　　　　　教师签名:

学习活动 5 墙板的成果展示与总结评价

【学习目标】

- 能积极展示学习成果,在小组讨论中总结和反思,提高学习效率。
- 能遵守实训车间规定,整理打扫现场。

【建议学时】

2 学时。

【学习过程】

一、个人总结

1.你能否在规定时间内完成零件的加工? 如果不能,原因是什么?

2.通过零件加工你学到了哪些编程知识与加工技能?
(1)编程知识:

(2)加工技能:

二、团队总结

组内讨论分析任务完成情况。
制定工作总结提纲:＿＿＿＿＿＿＿＿＿＿＿＿＿＿＿＿＿＿＿＿

＿＿＿＿＿＿＿＿＿＿＿＿＿＿＿＿＿＿＿＿＿＿＿＿＿＿＿＿＿＿＿

＿＿＿＿＿＿＿＿＿＿＿＿＿＿＿＿＿＿＿＿＿＿＿＿＿＿＿＿＿＿＿

＿＿＿＿＿＿＿＿＿＿＿＿＿＿＿＿＿＿＿＿＿＿＿＿＿＿＿＿＿＿＿

＿＿＿＿＿＿＿＿＿＿＿＿＿＿＿＿＿＿＿＿＿＿＿＿＿＿＿＿＿＿＿

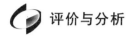 评价与分析

进行考核评价与分析（表 3-5-1）。

表 3-5-1　过程考核评价 V

姓名		班级		单位			
评价内容				分值	自评(30%)	互评(30%)	师评(40%)
职业素养(30%):							
1.出勤准时率				6			
2.学习态度				8			
3.承担任务量				6			
4.团队协作性				10			
专业能力(70%):							
1.项目总结的完整性、规范性				15			
2.项目总结的科学严谨性				15			
3.项目总结的应用工艺及方法正确性				25			
4.汇报展示				15			
总　　计				100			
个人认为完成得好的地方							
值得改进的地方							
小组综合评价:				非常满意			
				满意			
				不太满意			
				不满意			

组长签名：　　　　　　　　　　　　　教师签名：

学习任务四　旋盖机箱盖零件加工

【学习目标】

理论知识目标：

1. 能正确编制旋盖机箱盖零件的加工工艺卡片，并绘制刀具路径图。

2. 能正确运用编程指令，按照程序格式要求编制加工程序。

3. 能合理选择加工刀具与切削用量。

实践技能目标：

1. 能熟练操作数控铣床，完成零件加工。

2. 能测量工件加工精度。

【建议学时】

24 学时。

【工作情景描述】

某企业接到旋盖机的加工订单，委托某学院数控中心加工箱盖零件。实习生必须在 10 天时间内了解零件外形特点、分析图样、制定工艺、编制程序、加工并完成检验。旋盖机箱盖零件加工图样见图 4-0-1。

【工作流程与活动】

学习活动 1：箱盖的图样分析（2 学时）

学习活动 2：箱盖的工艺准备与程序编制（6 学时）

学习活动 3：箱盖的零件加工（10 学时）

学习活动 4：箱盖的零件检验与质量分析（4 学时）

学习活动 5：箱盖的成果展示与总结评价（2 学时）

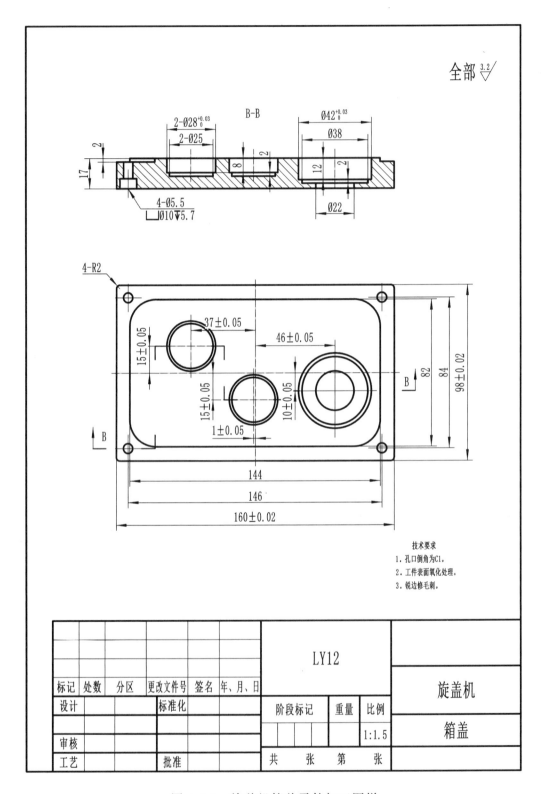

图 4-0-1　旋盖机箱盖零件加工图样

学习活动 1　箱盖的图样分析

【学习目标】

- 能分析明确图样中各加工要素的形状尺寸和位置尺寸。
- 能通过图样分析明确几何尺寸公差的意义。
- 能计算基点坐标。

【建议学时】

2 学时。

【学习过程】

一、接受任务

1.听教师描述本次加工任务。

2.根据任务要求,制订合理的工作进度计划,并根据小组成员的特点进行分工,填入表 4-1-1 中。

表 4-1-1　成员分工

序号	工作内容	时间	成员	负责人
1	工艺分析			
2	编制程序			
3	零件加工			
4	零件检验与质量分析			

二、识读图样

1.本零件的加工部位有哪些？分别采用什么加工方法？

2.根据本加工任务的零件外形尺寸选择合适的毛坯,并在图框中绘制毛坯图样。

(1)毛坯的材质牌号为_____,材料的名称为_____。

(2)毛坯相对于零件外形基本尺寸的余量为_____mm。

(3)毛坯尺寸确定为_____mm×_____mm×_____mm。

3.分析零件图样,列出主要尺寸中带有公差的尺寸,并计算其极限尺寸,说明加工精度控制范围。

(1)带有公差的尺寸:

(2)极限尺寸:

(3)精度控制范围:

三、确定工件坐标系

在图 4-1-1 上画出工件坐标系,将基点坐标填入表 4-1-2 中,并说明工件坐标系原点设置的优缺点。

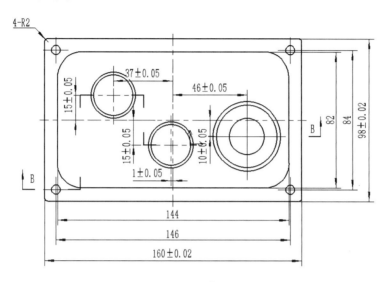

图 4-1-1　零件图样

表 4-1-2　基点坐标

序号	X 坐标	Y 坐标	序号	X 坐标	Y 坐标	序号	X 坐标	Y 坐标	序号	X 坐标	Y 坐标

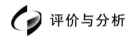 评价与分析

进行考核评价与分析(表4-1-3)。

表4-1-3　过程考核评价 I

姓名		班级		单位			
评价内容				分值	自评(30%)	互评(30%)	师评(40%)
职业素养(30%):							
1.出勤准时率				6			
2.学习态度				8			
3.承担任务量				6			
4.团队协作性				10			
专业能力(70%):							
1.工作计划的可行性				10			
2.识读图样				30			
3.计算基点坐标				20			
4.加工可行性分析的逻辑性和结论正确性				10			
总　计				100			

组长签名：　　　　　　　　　　　教师签名：

学习活动2　箱盖的工艺准备与程序编制

【学习目标】

- 能识别并选用常用数控铣削刀具。
- 能合理选择切削用量，并进行切削参数的计算。
- 能正确填写零件的加工工艺卡片。
- 能正确编制箱盖零件的加工程序。

【建议学时】

6学时。

【学习过程】

一、选择夹具

本任务中零件加工的装夹方式是什么？叙述安装过程。

二、选择刀具

根据零件的加工内容，选择合适刀具，完成刀具卡（表4-2-1）。

表 4-2-1　刀具卡

零件名称	旋盖机箱盖			零件图号			
设备名称			设备型号		材料名称		
刀具编号	刀具名称	刀具材料及牌号		加工内容	刀具参数		刀补地址
					直径	长度	直径	长度

（续表）

					直径	长度	直径	长度
编制		审核		批准			第　页	共　页

三、制定工艺方案

确定零件的加工顺序并填写数控加工工艺卡片（表 4-2-2～表 4-2-5）。

表 4-2-2　零件加工工艺卡

机械加工工艺过程卡片		产品型号		零件图号		文件编号	
		产品名称		零件名称		共　页	第　页

材料牌号	毛坯种类	毛坯外形尺寸	每毛坯件数	每台件数	备注	

序号	工序名称	工序内容	车间	工段	设备	工艺装备	工时	
							准终	单件

		设计（日期）	校核（日期）	标准化（日期）	会签（日期）	审核（日期）

标记	处理	更改文件号	签字	日期	标记	处理	更改文件号	签字	日期

附件

描　图
描　校
底图号
装订号

表 4-2-3　数控加工工序卡

零件名称		零件图号		夹具名称	
设备名称			设备型号		
材料名称		工序名称		工序号	

工步号	工步内容	切削用量			刀具		量具名称	程序号
		n	f	a_p	编号	名称		

表 4-2-4　数控加工工序卡

零件名称		零件图号		夹具名称	
设备名称			设备型号		
材料名称		工序名称		工序号	

工步号	工步内容	切削用量			刀具		量具名称	程序号
		n	f	a_p	编号	名称		

表 4-2-5　数控加工工序卡

零件名称		零件图号		夹具名称	
设备名称			设备型号		
材料名称		工序名称		工序号	

工步号	工步内容	切削用量			刀具		量具名称	程序号
		n	f	a_p	编号	名称		

四、编制程序

1.根据图样确定编程原点并绘制草图表示。

2.根据零件图样及加工工艺,结合所学数控系统知识,归纳出箱盖零件需用的编程指令,包括 G 代码指令和辅助指令,填入表 4-2-6 中。

表 4-2-6　箱盖零件需用的编程指令

序号	选择的指令	指令格式

3.手工绘制箱盖零件加工刀具路径,包括下刀位置、起刀位置、切削路径等。

4.根据自己建立的工件坐标系和坐标点数值,以及正确的程序格式,在程序单中填写加工程序(表 4-2-7～表 4-2-13)。

表 4-2-7 ＿＿＿＿＿＿加工程序

程序段号	程序	程序段号	程序

表 4-2-8 　　　　　　　　加工程序

程序段号	程序	程序段号	程序

表 4-2-9 　　　　　　　　加工程序

程序段号	程序	程序段号	程序

表 4-2-10 ＿＿＿＿＿＿加工程序

程序段号	程序	程序段号	程序

表 4-2-11 ＿＿＿＿＿＿加工程序

程序段号	程序	程序段号	程序

表 4-2-12 ＿＿＿＿＿＿＿加工程序

程序段号	程序	程序段号	程序

表 4-2-13 ＿＿＿＿＿＿＿加工程序

程序段号	程序	程序段号	程序

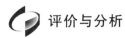 评价与分析

进行考核评价与分析(表 4-2-14)。

表 4-2-14　过程考核评价 Ⅱ

姓名		班级		单位			
评价内容				分值	自评(30%)	互评(30%)	师评(40%)
职业素养(30%):							
1.出勤准时率				6			
2.学习态度				8			
3.承担任务量				6			
4.团队协作性				10			
专业能力(70%):							
1.选择夹具的正确性				5			
2.选择刀具的正确性				5			
3.制定工艺方案的合理性				30			
4.编制程序的正确性				30			
总　计				100			

小组综合评价:	非常满意	
	满意	
	不太满意	
	不满意	

组长签名:　　　　　　　　　　　教师签名:

学习活动 3　箱盖的零件加工

【学习目标】

- 能遵守实训车间各项规定,并规范使用数控铣床。
- 能独立完成零件的装夹、刀具的选择、不同刀具的对刀等操作。
- 能设置刀具半径补偿。
- 能独立完成零件的加工并完善程序。

【建议学时】

10 学时。

【学习过程】

一、零件加工

1.选择合适的刀具并对刀,输入程序并完成加工,观察加工路径是否符合图样要求,记录操作过程,填写表 4-3-1。

表 4-3-1　加工操作步骤

步骤	操作过程

2.根据加工轮廓形状判断加工程序的对错,并经小组讨论后修改零件加工程序,填入表 4-3-2 中。

表 4-3-2 零件加工程序修改

序号	程序错误	修改意见

3.程序运行结束,在机床上实时完成对零件尺寸的检测,并填入表 4-3-3 中。

表 4-3-3 零件尺寸测量

检测内容	序号	检测项目	自测结果	是否合格
零件尺寸	1	160 ± 0.02		
	2	98 ± 0.02		
	3	17		
	4	15 ± 0.05 两处		
	5	37 ± 0.05		
	6	1 ± 0.05		
	7	$2-\Phi28_{0}^{+0.03}$		
	8	$\Phi42_{0}^{+0.03}$		
	9	$\Phi38$		
	10	$\Phi22$		
	11	12		
	12	2		
	13	$4-\Phi5.5$		
倒角	14	C1		
表面质量	15	Ra3.2		

4.检验零件的加工精度,对不合格项目提出工艺方案修改意见,填入表 4-3-4中。

表 4-3-4　不合格项目修改意见

序号	不合格项目	修改意见

评价与分析

进行考核评价与分析(表 4-3-5)。

表 4-3-5　过程考核评价Ⅲ

姓名		班级		单位			
评价内容				分值	自评(30%)	互评(30%)	师评(40%)
职业素养(30%):							
1.出勤准时率				6			
2.学习态度				8			
3.承担任务量				6			
4.团队协作性				10			

续表

姓名		班级		单位			
评价内容				分值	自评(30%)	互评(30%)	师评(40%)
专业能力(70%)：							
1.准备工作的充分性				5			
2.操作机床的规范性和安全性				5			
3.操作过程的精益化工作理念				10			
4.零件加工质量稳定性				20			
5.在线检验数据的可信度				10			
6.数据分析及精度控制的正确性				10			
7.安全文明生产及6S				10			
总　计				100			
工作时间				提前完成			
				准时完成			
				滞后完成			
个人认为完成得好的地方							
值得改进的地方							
小组综合评价：				非常满意			
				满意			
				不太满意			
				不满意			

组长签名：　　　　　　　　　　　　　教师签名：

学习活动4　箱盖的零件检验与质量分析

【学习目标】

• 能根据零件图样,合理选择检验工具和量具,确定检测方法,完成零件各要素的直接和间接测量。

• 能根据零件的检测结果,分析产生误差的原因。

• 能规范地使用工量具,并对其进行合理保养和维护。

• 能根据检测结果正确填写检验报告单。

• 能按检验室管理要求正确放置检验工量具。

【建议学时】

4学时。

【学习过程】

一、明确测量要素,领取检测用量具

1.零件有哪些要素需要测量?

2.根据零件测量要素,写出检测零件所对应的量具,并填入表4-4-1中。

表4-4-1　检测零件所对应的量具

序号	量具名称	量具规格	检测内容	备注

续表

序号	量具名称	量具规格	检测内容	备注

二、检测零件,填写零件质量检验单

根据图样要求,自检零件,并填写质量检验单(表 4-4-2)。

表 4-4-2 零件质量检验单

序号	检测内容	检测项目	分值	自测结果	得分	互测结果	得分
1	零件尺寸	160 ± 0.02	7				
		98 ± 0.02	7				
		17	8				
		15 ± 0.05 两处	16				
		37 ± 0.05	4				
		1 ± 0.05	4				
		$2-\Phi28_0^{+0.03}$	8				
		$\Phi42_0^{+0.03}$	8				
		$\Phi38$	4				
		$\Phi22$	4				
		12	4				
		2	5				
		$4-\Phi5.5$	10				
2	倒角	C1	5				
3	表面质量	Ra3.2	6				
总 分			100				
产生不合格品的情况分析							

三、误差分析

根据检测结果进行误差分析,将分析结果填写在表 4-4-3 中。

表 4-4-3　误差分析表

测量内容		零件名称	
测量工具和仪器		测量人员	
班级		日期	

测量目的:

测量步骤:

测量要领:

结论		
质量问题	产生原因	修正措施
外形尺寸误差		
几何公差误差		
表面粗糙度误差		
其他误差		

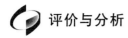 评价与分析

进行考核评价与分析(表 4-4-4)。

表 4-4-4 过程考核评价 Ⅳ

姓名		班级		单位			
评价内容				分值	自评(30%)	互评(30%)	师评(40%)
职业素养(30%):							
1.出勤准时率				6			
2.学习态度				8			
3.承担任务量				6			
4.团队协作性				10			
专业能力(70%):							
1.测量要素与量具的正确选择				15			
2.零件检测数据的准确性				30			
3.误差分析的完整性、严谨性				20			
4.零件检验与质量分析的准确性				5			
总　计				100			
个人认为完成得好的地方							
值得改进的地方							
小组综合评价:				非常满意			
				满意			
				不太满意			
				不满意			

组长签名：　　　　　　　　　　　教师签名：

学习活动5　箱盖的成果展示与总结评价

【学习目标】

- 能积极展示学习成果,在小组讨论中总结和反思,提高学习效率。
- 能遵守实训车间规定,整理打扫现场。

【建议学时】

2学时。

【学习过程】

一、个人总结

1.你能否在规定时间内完成零件的加工? 如果不能,原因是什么?

2.通过零件加工你学到了哪些编程知识与加工技能?
(1)编程知识:

(2)加工技能:

二、团队总结

组内讨论分析任务完成情况。

制定工作总结提纲:＿＿＿＿＿＿＿＿＿＿＿＿＿＿＿＿＿＿＿＿

＿＿＿＿＿＿＿＿＿＿＿＿＿＿＿＿＿＿＿＿＿＿＿＿＿＿＿＿＿＿＿＿＿＿

＿＿＿＿＿＿＿＿＿＿＿＿＿＿＿＿＿＿＿＿＿＿＿＿＿＿＿＿＿＿＿＿＿＿

＿＿＿＿＿＿＿＿＿＿＿＿＿＿＿＿＿＿＿＿＿＿＿＿＿＿＿＿＿＿＿＿＿＿

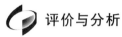 评价与分析

进行考核评价与分析(表 4-5-1)。

表 4-5-1 过程考核评价 V

姓名		班级		单位			
评价内容				分值	自评(30%)	互评(30%)	师评(40%)
职业素养(30%):							
1.出勤准时率				6			
2.学习态度				8			
3.承担任务量				6			
4.团队协作性				10			
专业能力(70%):							
1.项目总结的完整性、规范性				15			
2.项目总结的科学严谨性				15			
3.项目总结的应用工艺及方法正确性				25			
4.汇报展示				15			
总　计				100			
个人认为完成得好的地方							
值得改进的地方							
小组综合评价:				非常满意			
				满意			
				不太满意			
				不满意			

组长签名：　　　　　　　　　　　　教师签名：

学习任务五　旋盖机调节轴座零件加工

【学习目标】

理论知识目标：

1.能独立阅读生产任务单,明确工时、加工数量等要求,说出所加工零件的用途、功能和分类。

2.能对调节轴座图样进行正确分析,明确加工技术要求。

3.能测量工件加工精度,能合理制定调节轴座的数控加工工艺路线,填写数控加工工序卡。

4.能利用数控编程指令对调节轴座零件进行数控加工程序编制。

实践技能目标：

1.掌握铣平面、铣轮廓、打孔等加工操作。

2.能完成调节轴座零件的加工。

【建议学时】

24 学时。

【工作情景描述】

某机械加工制造有限公司需定制一批旋盖机中的调节轴座 50 件。该公司提供零件加工图纸及毛坯,要求我方严格按照零件图纸技术要求加工,要求交货期为 10 天,现车间安排我们数控铣工组完成此加工任务。调节轴座图样见图 5-0-1。

【工作流程与活动】

学习活动 1:调节轴座的图样分析(2 学时)
学习活动 2:调节轴座的工艺准备与程序编制(6 学时)
学习活动 3:调节轴座的零件加工(10 学时)
学习活动 4:调节轴座的检验与质量分析(4 学时)
学习活动 5:调节轴座的成果展示与总结评价(2 学时)

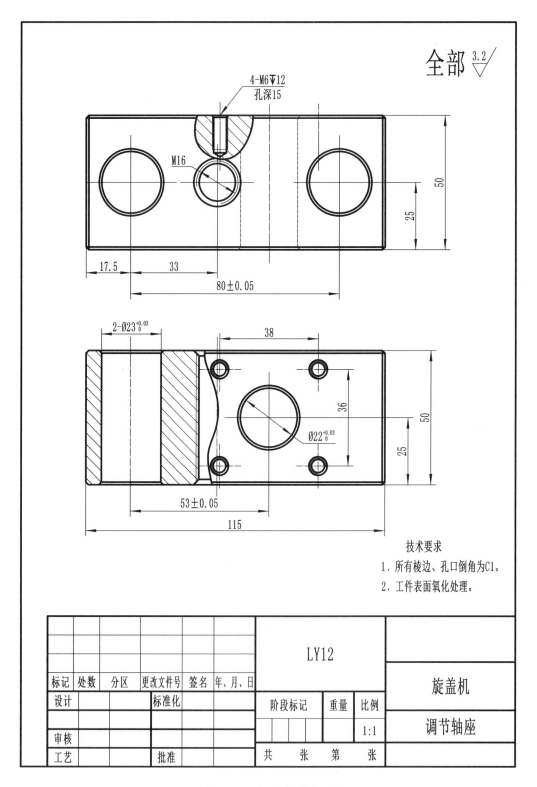

图 5-0-1 调节轴座图样

学习活动1　调节轴座的图样分析

【学习目标】

- 能通过识读图样,获取图样中的工艺要求等信息。
- 能够独立地对调节轴座零件图样进行正确、合理的分析。

【建议学时】

2学时。

【学习过程】

一、接受任务

1.听教师描述本次加工任务。

2.本生产任务工期为10天,请依据任务要求,制订合理的工作进度计划,并根据小组成员的特点进行分工,填入表5-1-1中。

表5-1-1　任务分工

序号	工作内容	时间	成员	负责人
1	工艺分析			
2	编制程序			
3	零件加工			
4	零件检验与质量分析			

二、识读图样

1.本零件的加工部位有哪些？分别采用什么加工方法？

2.根据本加工任务的零件外形尺寸选择合适的毛坯，并在图框中绘制毛坯图样。

(1)毛坯的材质牌号为_____,材料的名称为_____。

(2)毛坯相对于零件外形基本尺寸的余量为_____mm。

(3)毛坯尺寸确定为_____mm×_____mm×_____mm。

3.分析零件图样，写出本零件的关键尺寸，并进行相应的尺寸公差计算，为编程做准备。

4.由于采用批量生产,为了保证每次工件装夹都在同一位置,采用靠点定位,那怎么确定工件每次装夹都与靠点贴合?

三、计算基点坐标

编程时需要知道每一个基点的坐标,如果工件坐标系原点设在工件的中心,确定本零件图形各基点的坐标。

试着标出本零件图形的基点并计算各点的坐标(图 5-1-1、表 5-1-2)。

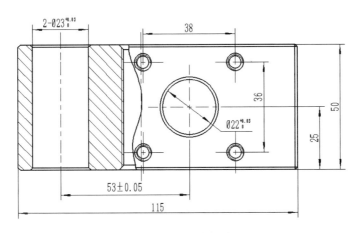

图 5-1-1　基点坐标

表 5-1-2　基点坐标

序号	X 坐标	Y 坐标	序号	X 坐标	Y 坐标	序号	X 坐标	Y 坐标	序号	X 坐标	Y 坐标

 评价与分析

进行考核评价与分析(表 5-1-3)。

表 5-1-3 过程考核评价 I

姓名		班级		单位			
评价内容				分值	自评(30%)	互评(30%)	师评(40%)
职业素养(30%):							
1.出勤准时率				6			
2.学习态度				8			
3.承担任务量				6			
4.团队协作性				10			
专业能力(70%):							
1.工作计划的可行性				10			
2.识读图样				30			
3.计算基点坐标				20			
4.加工可行性分析的逻辑性和结论正确性				10			
总　计				100			
小组综合评价:				非常满意			
				满意			
				不太满意			
				不满意			

组长签名: 　　　　　　　　　　　　教师签名:

学习活动2　调节轴座的工艺准备与程序编制

【学习目标】

- 能正确选择刀具和夹具。
- 能合理安排调节轴座的加工顺序。
- 能合理制定调节轴座的数控加工工艺路线,填写数控加工工序卡。
- 能正确运用刀具半径补偿指令编制程序,按照程序格式要求编制数控铣削加工程序。

【建议学时】

6 学时。

【学习过程】

一、选择夹具

调节轴座零件加工的装夹方式是什么? 叙述安装过程。

二、选择刀具

根据典型零件的加工内容,选择合适刀具,完成刀具卡(表 5-2-1)。

表 5-2-1　刀具卡

零件名称	旋盖机调节轴座		零件图号				
设备名称		设备型号			材料名称		
刀具编号	刀具名称	刀具材料及牌号	加工内容	刀具参数		刀补地址	
				直径	长度	直径	长度
编制		审核		批准		第　　页	共　　页

三、制定工艺方案

确定零件的加工顺序并填写数控加工工艺卡片（表 5-2-2～表 5-2-5）。

126

表 5-2-2　零件加工工艺卡

附件	机械加工工艺过程卡片	产品型号		零件图号		文件编号	
		产品名称		零件名称		共　页	第　页

材料牌号	毛坯种类	毛坯外形尺寸	每毛坯件数	每台件数		备注		

序号	工序名称	工序内容	车间	工段	设备	工艺装备	工时	
							准终	单件

		设计（日期）	校核（日期）	标准化（日期）	会签（日期）	审核（日期）

描　图						
描　校						
底图号						
装订号						
标记	处理	更改文件号	签字	日期	标记	签字	日期

表 5-2-3　数控加工工序卡

零件名称		零件图号		夹具名称	
设备名称			设备型号		
材料名称		工序名称		工序号	

工步号	工步内容	切削用量			刀具		量具名称	程序号
		n	f	a_p	编号	名称		

表 5-2-4　数控加工工序卡

零件名称		零件图号		夹具名称	
设备名称			设备型号		
材料名称		工序名称		工序号	

工步号	工步内容	切削用量			刀具		量具名称	程序号
		n	f	a_p	编号	名称		

表 5-2-5 数控加工工序卡

零件名称		零件图号		夹具名称	
设备名称			设备型号		
材料名称		工序名称		工序号	

工步号	工步内容	切削用量			刀具		量具名称	程序号
		n	f	a_p	编号	名称		

四、编制程序

1. 根据图样确定编程原点并在图中标出。

2. 根据零件图样及加工工艺,结合所学数控系统知识,归纳出调节轴座零件需用的编程指令,包括 G 代码指令和辅助指令,填入表 5-2-6 中。

表 5-2-6　调节轴座零件需用的编程指令

序号	选择的指令	指令格式

3. 手工绘制调节轴座零件加工刀具路径,包括下刀位置、起刀位置、切削路径等。

4.调节轴座零件的深孔采用什么方式来加工？

5.根据零件加工步骤及编程分析，小组讨论零件的数控加工程序，填入表 5-2-7～表 5-2-13 中。

表 5-2-7 _____ 加工程序

程序段号	程序	程序段号	程序

表 5-2-8 ＿＿＿＿＿＿＿加工程序

程序段号	程序	程序段号	程序

表 5-2-9 ＿＿＿＿＿＿＿加工程序

程序段号	程序	程序段号	程序

表 5-2-10 _____加工程序

程序段号	程序	程序段号	程序

表 5-2-11 _____加工程序

程序段号	程序	程序段号	程序

表 5-2-12 ＿＿＿＿＿＿加工程序

程序段号	程序	程序段号	程序

表 5-2-13 ＿＿＿＿＿＿加工程序

程序段号	程序	程序段号	程序

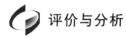 **评价与分析**

进行考核评价与分析（表5-2-14）。

表 5-2-14 过程考核评价Ⅱ

姓名		班级		单位			
评价内容				分值	自评(30%)	互评(30%)	师评(40%)
职业素养(30%)：							
1.出勤准时率				6			
2.学习态度				8			
3.承担任务量				6			
4.团队协作性				10			
专业能力(70%)：							
1.选择夹具的正确性				5			
2.选择刀具的正确性				5			
3.制定工艺方案的合理性				30			
4.编制程序的正确性				30			
总　计				100			
小组综合评价：				非常满意			
				满意			
				不太满意			
				不满意			

组长签名：　　　　　　　　　　　教师签名：

学习活动 3　调节轴座的零件加工

【学习目标】

- 能遵守实训车间各项规定,并规范使用数控铣床。
- 能独立完成零件的装夹、刀具的选择、不同刀具的对刀等操作。
- 程序的输入、调试、首件试切。
- 能独立完成零件的加工与调试。
- 能正确使用量具进行零件尺寸测量及精度控制。

【建议学时】

10 学时。

【学习过程】

一、零件加工

1.选择合适的刀具完成对刀,输入程序并完成加工,观察加工路径是否符合图样要求,填写表 5-3-1。

表 5-3-1　加工操作步骤

步骤	操作过程

续表

步骤	操作过程

2. 根据加工轮廓形状判断加工程序的对错，并经小组讨论后修改零件加工程序，填入表 5-3-2 中。

表 5-3-2　零件加工程序修改

序号	程序错误	修改意见

3. 程序运行结束，在机床上实时完成对零件尺寸的检测，并填入表 5-3-3 中。

表 5-3-3　零件尺寸测量

检测内容	序号	检测项目	自测结果	是否合格
零件尺寸	1	80 ± 0.05		
	2	$2\text{-}\Phi23_{0}^{+0.03}$		
	3	$\Phi22_{0}^{+0.03}$		
	4	53 ± 0.05		
	5	17.5		
	6	33		
	7	50 两处		
	8	25 两处		
	9	115		
	10	38		
	11	36		
	12	4-M6		
	13	M16		
倒角	14	C1		
表面质量	15	Ra3.2		

4.检验零件的加工精度,对不合格项目提出工艺方案修改意见,填入表 5-3-4中。

表 5-3-4　不合格项目修改意见

序号	不合格项目	修改意见

 评价与分析

进行考核评价与分析(表5-3-5)。

表5-3-5 过程考核评价 Ⅲ

姓名		班级		单位		
评价内容			分值	自评(30%)	互评(30%)	师评(40%)
职业素养(30%):						
1.出勤准时率			6			
2.学习态度			8			
3.承担任务量			6			
4.团队协作性			10			
专业能力(70%):						
1.准备工作的充分性			5			
2.操作机床的规范性和安全性			5			
3.操作过程的精益化工作理念			10			
4.零件加工质量稳定性			20			
5.在线检验数据的可信度			10			
6.数据分析及精度控制的正确性			10			
7.安全文明生产及6S			10			
总 计			100			
工作时间			提前完成			
			准时完成			
			滞后完成			
个人认为完成得好的地方						
值得改进的地方						
小组综合评价:			非常满意			
			满意			
			不太满意			
			不满意			

组长签名: 　　　　　　　　　　　教师签名:

学习活动4　调节轴座的检验与质量分析

【学习目标】

1.能根据调节轴座图样,合理选择检验工具和量具,确定检测方法,完成调节轴座各要素的直接和间接测量。

2.能根据调节轴座的检测结果,分析产生误差的原因。

3.能规范地使用工量具,并对其进行合理保养和维护。

4.能根据检测结果正确填写检验报告单。

5.能按检验室管理要求正确放置检验工量具。

【建议学时】

4学时。

【学习过程】

一、明确测量要素,领取检测用量具

1.调节轴座零件有哪些要素需要测量?

2.根据零件测量要素,写出检测调节轴座所对应的量具,并填入表5-4-1中。

表5-4-1　检测调节轴座所对应的量具

序号	量具名称	量具规格	检测内容	备注

二、检测零件,填写调节轴座质量检验单

根据图样要求,自测和互测调节轴座,并填写质量检验单(表 5-4-2)。

表 5-4-2　零件质量检验单

序号	检测内容	检测项目	分值	自测结果	得分	互测结果	得分
1	零件尺寸	80 ± 0.05	7				
		$2\text{-}\Phi23_0^{+0.03}$	16				
		$\Phi22_0^{+0.03}$	8				
		53 ± 0.05	7				
		17.5	4				
		33	4				
		50 两处	8				
		25 两处	8				
		115	4				
		38	4				
		36	4				
		4-M6	10				
		M16	5				
2	倒角	C1 两处	5				
3	表面质量	Ra3.2	6				
总　分			100				
产生不合格品的情况分析							

三、误差分析

根据检测结果进行误差分析,将分析结果填写在表 5-4-3 中。

表 5-4-3 误差分析表

测量内容		零件名称	
测量工具和仪器		测量人员	
班级		日期	

测量目的:

测量步骤:

测量要领:

结论		
质量问题	产生原因	修正措施
外形尺寸误差		
几何公差误差		
表面粗糙度误差		
其他误差		

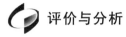 评价与分析

进行考核评价与分析(表 5-4-4)。

表 5-4-4　过程考核评价 Ⅳ

姓名		班级		单位			
评价内容				分值	自评(30%)	互评(30%)	师评(40%)
职业素养(30%)：							
1.出勤准时率				6			
2.学习态度				8			
3.承担任务量				6			
4.团队协作性				10			
专业能力(70%)：							
1.测量要素与量具的正确选择				15			
2.零件检测数据的准确性				30			
3.误差分析的完整性、严谨性				20			
4.零件检验与质量分析的准确性				5			
总　计				100			
个人认为完成得好的地方							
值得改进的地方							
小组综合评价：					非常满意		
					满意		
					不太满意		
					不满意		
组长签名：				教师签名：			

学习活动5　调节轴座的成果展示与总结评价

【学习目标】

- 能积极展示学习成果,在小组讨论中总结和反思,提高学习效率。
- 能遵守实训车间规定,整理打扫现场。

【建议学时】

2学时。

【学习过程】

一、个人总结

1.你能否在规定时间内完成零件的加工？如果不能,原因是什么？

2.通过零件加工你学到了哪些编程知识与加工技能？
(1)编程知识:

(2)加工技能:

二、团队总结

组内讨论分析任务完成情况。
制定工作总结提纲:＿＿＿＿＿＿＿＿＿＿＿＿＿＿＿＿＿＿＿
＿＿＿＿＿＿＿＿＿＿＿＿＿＿＿＿＿＿＿＿＿＿＿＿＿＿＿＿＿＿
＿＿＿＿＿＿＿＿＿＿＿＿＿＿＿＿＿＿＿＿＿＿＿＿＿＿＿＿＿＿
＿＿＿＿＿＿＿＿＿＿＿＿＿＿＿＿＿＿＿＿＿＿＿＿＿＿＿＿＿＿
＿＿＿＿＿＿＿＿＿＿＿＿＿＿＿＿＿＿＿＿＿＿＿＿＿＿＿＿＿＿
＿＿＿＿＿＿＿＿＿＿＿＿＿＿＿＿＿＿＿＿＿＿＿＿＿＿＿＿＿＿

 评价与分析

进行考核评价与分析(表 5-5-1)。

表 5-5-1　过程考核评价 V

姓名		班级		单位			
评价内容				分值	自评(30%)	互评(30%)	师评(40%)
职业素养(30%)：							
1.出勤准时率				6			
2.学习态度				8			
3.承担任务量				6			
4.团队协作性				10			
专业能力(70%)：							
1.项目总结的完整性、规范性				15			
2.项目总结的科学严谨性				15			
3.项目总结的应用工艺及方法正确性				25			
4.汇报展示				15			
总　计				100			
个人认为完成得好的地方							
值得改进的地方							
小组综合评价：				非常满意			
				满意			
				不太满意			
				不满意			

组长签名：　　　　　　　　　　教师签名：

学习任务六　贴标机支座零件加工

【学习目标】

理论知识目标：

1. 能独立阅读生产任务单，明确工时、加工数量等要求，说出所加工零件的用途、功能和分类。

2. 能正确分析支座零件图样，明确加工技术要求。

3. 能测量工件加工精度，能合理制定支座零件的数控加工工艺路线，填写数控加工工序卡。

4. 能利用数控编程指令对支座零件进行数控加工程序编制。

实践技能目标：

1. 掌握铣平面、铣轮廓、打孔等加工操作。

2. 能完成支座零件的加工。

【建议学时】

24 学时。

【工作情景描述】

某机械加工制造有限公司需定制一批贴标机中的支座零件 50 件，该公司提供零件加工图纸及毛坯，要求我方严格按照零件图纸技术要求加工，要求交货期为 10 天，现车间安排我们数控铣工组完成此加工任务。支座零件图样见图 6-0-1。

【工作流程与活动】

学习活动 1：支座的图样分析（2 学时）

学习活动 2：支座的工艺准备与程序编制（6 学时）

学习活动 3：支座的零件加工（10 学时）

学习活动 4：支座的零件检验与质量分析（4 学时）

学习活动 5：支座的成果展示与总结评价（2 学时）

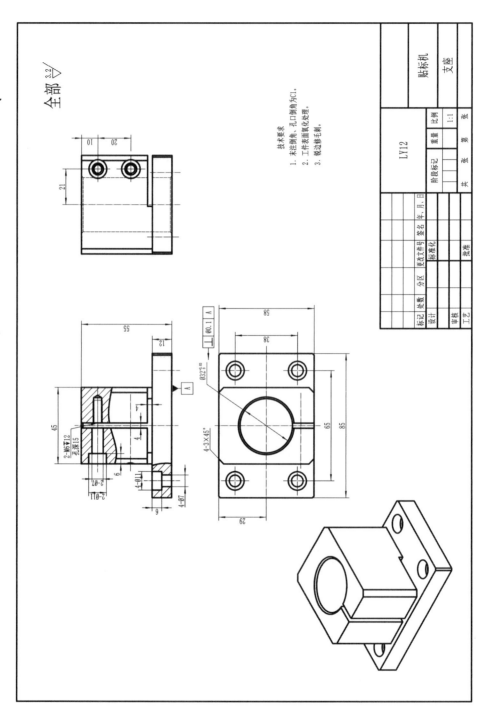

图 6-0-1 支座零件图样

技术要求
1. 未注倒角、孔口倒角为C1。
2. 工件表面氧化处理。
3. 锐边修毛刺。

全部 3.2

贴标机
支座

LY12

学习活动 1 支座的图样分析

【学习目标】

- 能通过识读图样,获取图样中的工艺要求等信息。
- 能够独立地对支座零件图样进行正确、合理的分析。

【建议学时】

2 学时。

【学习过程】

一、接受任务

1.听教师描述本次加工任务。

2.本生产任务工期为 10 天。请依据任务要求,制订合理的工作进度计划,并根据小组成员的特点进行分工,填入表 6-1-1 中。

表 6-1-1 任务分工

序号	工作内容	时间	成员	负责人
1	工艺分析			
2	编制程序			
3	零件加工			
4	零件检验与质量分析			

二、识读图样

1.本零件的加工部位有哪些？分别采用什么加工方法？

2. 根据本加工任务的零件外形尺寸选择合适的毛坯,并在图框中绘制毛坯图样。

(1)毛坯的材质牌号为_____,材料的名称为_____。

(2)毛坯相对于零件外形基本尺寸的余量为_____mm。

(3)毛坯尺寸确定为_____mm×_____mm×_____mm。

3. 工件平面加工可以采用立铣刀,也可以采用盘铣刀,立铣刀与盘铣刀加工各有什么优势?

4. 由于采用批量生产,为了保证每次工件装夹都在同一位置,采用靠点定位,那么怎么确定工件每次装夹都与靠点贴合?

三、计算基点坐标

编程时需要知道每一个基点的坐标,如果工件坐标系原点设在工件的中心,确定本零件图形各基点的坐标。

试着标出本零件图形的基点并计算各点的坐标(图 6-1-1、表 6-1-2)。

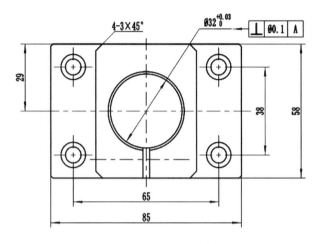

图 6-1-1　基点坐标

表 6-1-2　基点坐标

序号	X 坐标	Y 坐标	序号	X 坐标	Y 坐标	序号	X 坐标	Y 坐标	序号	X 坐标	Y 坐标

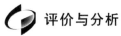 **评价与分析**

进行考核评价与分析(表 6-1-3)。

表 6-1-3　过程考核评价 I

姓名		班级		单位			
评价内容				分值	自评(30%)	互评(30%)	师评(40%)
职业素养(30%):							
1.出勤准时率				6			
2.学习态度				8			
3.承担任务量				6			
4.团队协作性				10			
专业能力(70%):							
1.工作计划的可行性				10			
2.识读图样				30			
3.计算基点坐标				20			
4.加工可行性分析的逻辑性和结论正确性				10			
总　计				100			
小组综合评价:				非常满意			
				满意			
				不太满意			
				不满意			

组长签名:　　　　　　　　　　　　教师签名:

学习活动2 支座的工艺准备与程序编制

【学习目标】

· 能正确选择刀具和夹具。

· 能合理安排支座零件的加工顺序。

· 能合理制定支座零件的数控加工工艺路线,填写数控加工工序卡。

· 能正确运用刀具半径补偿指令编制程序,按照程序格式要求编制数控铣削加工程序。

【建议学时】

6学时。

【学习过程】

一、选择夹具

支座零件加工的装夹方式是什么? 叙述安装过程。

二、选择刀具

根据支座零件的加工内容，选择合适刀具，完成刀具卡（表6-2-1）。

表 6-2-1　刀具卡

零件名称	贴标机支座			零件图号				
设备名称			设备型号			材料名称		
刀具编号	刀具名称	刀具材料及牌号		加工内容	刀具参数		刀补地址	
					直径	长度	直径	长度
编制		审核			批准		第　页	共　页

三、制定工艺方案

确定零件的加工顺序并填写数控加工工艺卡片（表6-2-2～表6-2-5）。

表 6-2-2　零件加工工艺卡

附件		机械加工工艺过程卡片		产品型号		零件图号		文件编号		
				产品名称		零件名称		共　页	第　页	
材料牌号	毛坯种类		毛坯外形尺寸		每毛坯件数		每台件数		备注	
序号	工序名称	工序内容				车间	工段	设备	工艺装备	工时
										准终	单件
							设计（日期）	校核（日期）	标准化（日期）	会签（日期）	审核（日期）
描　图										
描　校										
底图图号										
装订号										
标记	处理	更改文件号	签字	日期	标记	签字	日期			

表 6-2-3　数控加工工序卡

零件名称		零件图号		夹具名称	
设备名称			设备型号		
材料名称		工序名称		工序号	

工步号	工步内容	切削用量			刀具		量具名称	程序号
		n	f	a_p	编号	名称		

表 6-2-4　数控加工工序卡

零件名称		零件图号		夹具名称	
设备名称			设备型号		
材料名称		工序名称		工序号	

工步号	工步内容	切削用量			刀具		量具名称	程序号
		n	f	a_p	编号	名称		

表 6-2-5　数控加工工序卡

零件名称		零件图号		夹具名称	
设备名称			设备型号		
材料名称		工序名称		工序号	

工步号	工步内容	切削用量			刀具		量具名称	程序号
		n	f	a_p	编号	名称		

四、编制程序

1.根据图样确定编程原点并在图中标出。

2.根据零件图样及加工工艺,结合所学数控系统知识,归纳出支座零件需用的编程指令,包括 G 代码指令和辅助指令,填入表 6-2-6 中。

表 6-2-6　支座零件零件需用的编程指令

序号	选择的指令	指令格式

3.手工绘制支座零件加工刀具路径,包括下刀位置、起刀位置、切削路径等。

4. 调节轴支座零件的深孔采用什么方式来加工？

5. 根据零件加工步骤及编程分析，小组讨论零件的数控加工程序，填入表 6-2-7～表 6-2-13 中。

表 6-2-7 _____加工程序

程序段号	程序	程序段号	程序

表 6-2-8 　　　　　　　　加工程序

程序段号	程序	程序段号	程序

表 6-2-9 　　　　　　　　加工程序

程序段号	程序	程序段号	程序

表 6-2-10 _____ 加工程序

程序段号	程序	程序段号	程序

表 6-2-11 _____ 加工程序

程序段号	程序	程序段号	程序

表 6-2-12 ＿＿＿＿＿＿加工程序

程序段号	程序	程序段号	程序

表 6-2-13 ＿＿＿＿＿＿加工程序

程序段号	程序	程序段号	程序

 **评价与分析**

进行考核评价与分析(表6-2-14)。

表6-2-14 过程考核评价 Ⅱ

姓名		班级		单位			
评价内容				分值	自评(30%)	互评(30%)	师评(40%)
职业素养(30%):							
1.出勤准时率				6			
2.学习态度				8			
3.承担任务量				6			
4.团队协作性				10			
专业能力(70%):							
1.选择夹具的正确性				5			
2.选择刀具的正确性				5			
3.制定工艺方案的合理性				30			
4.编制程序的正确性				30			
总　计				100			

小组综合评价:	非常满意	
	满意	
	不太满意	
	不满意	

组长签名:　　　　　　　　　　教师签名:

学习活动3　支座的零件加工

【学习目标】

- 能遵守实训车间各项规定,并规范使用数控铣床。
- 能独立完成零件的装夹、刀具的选择、不同刀具的对刀等操作。
- 程序的输入、调试、首件试切。
- 能独立完成零件的加工与调试。
- 能正确使用量具进行零件尺寸测量和精度控制。

【建议学时】

10 学时。

【学习过程】

一、零件加工

1.选择合适的刀具完成对刀,输入程序并完成加工,观察加工路径是否符合图样要求,填写表 6-3-1 中。

表 6-3-1　加工操作步骤

步骤	操作过程

2. 根据加工轮廓形状判断加工程序的对错，并经小组讨论后修改零件加工程序，填入表 6-3-2 中。

表 6-3-2　零件加工程序修改

序号	程序错误	修改意见

3. 程序运行结束，在机床上实时完成对零件尺寸的检测，并填入表 6-3-3 中。

表 6-3-3　零件尺寸测量

检测内容	序号	检测项目	自测结果	是否合格
零件尺寸	1	外形尺寸 $85 \times 58 \times 55$		
	2	台阶尺寸 45×12		
	3	4-Φ11 深 6		
	4	4-Φ7		
	5	4-Φ11 位置尺寸 65×38		
	6	$\Phi 32^{+0.03}_{0}$		
	7	Φ32 位置尺寸外形中心		
	8	Φ32 垂直度 $\Phi 0.1$		
	9	2-Φ11 深 6		
	10	2-Φ7 深 22.5		
	11	2-M6 深 12		
	12	槽宽 4 深 29		
	13	槽宽 4 一边通		
倒角	14	C3、C1		
表面质量	15	Ra3.2		

4.检验零件的加工精度,对不合格项目提出工艺方案修改意见,填入表 6-3-4 中。

表 6-3-4　不合格项目修改意见

序号	不合格项目	修改意见

评价与分析

进行考核评价与分析(表 6-3-5)。

表 6-3-5　过程考核评价 Ⅲ

姓名		班级		单位		
评价内容				分值	自评(30%)	互评(30%)	师评(40%)
职业素养(30%):							
1.出勤准时率				6			
2.学习态度				8			
3.承担任务量				6			
4.团队协作性				10			

续表

姓名		班级		单位			
评价内容				分值	自评(30%)	互评(30%)	师评(40%)
专业能力(70%)：							
1. 准备工作的充分性				5			
2. 操作机床的规范性和安全性				5			
3. 操作过程的精益化工作理念				10			
4. 零件加工质量稳定性				20			
5. 在线检验数据的可信度				10			
6. 数据分析及精度控制的正确性				10			
7. 安全文明生产及6S				10			
总　计				100			
工作时间				提前完成			
				准时完成			
				滞后完成			
个人认为完成得好的地方							
值得改进的地方							
小组综合评价：				非常满意			
				满意			
				不太满意			
				不满意			

组长签名：　　　　　　　　　　　　教师签名：

学习活动 4　支座的零件检验与质量分析

【学习目标】

1.能根据支座零件图样,合理选择检验工具和量具,确定检测方法,完成支座零件各要素的直接和间接测量。

2.能根据支座零件的检测结果,分析产生误差的原因。

3.能规范地使用工量具,并对其进行合理保养和维护。

4.能根据检测结果正确填写检验报告单。

5.能按检验室管理要求正确放置检验工量具。

【建议学时】

4 学时。

【学习过程】

一、明确测量要素,领取检测用量具

1.支座零件有哪些要素需要测量?

2.根据支座零件测量要素,写出检测支座零件所对应的量具,并填入表 6-4-1中。

表 6-4-1　检测支座零件所对应的量具

序号	量具名称	量具规格	检测内容	备注

二、检测零件，填写支座零件质量检验单

根据图样要求，自测和互测支座零件，并填写质量检验单（表 6-4-2）。

表 6-4-2 零件质量检验单

序号	检测内容	检测项目	分值	自测结果	得分	互测结果	得分
1	零件尺寸	外形尺寸 85×58×55	7				
		台阶尺寸 45×12	16				
		4-Φ11 深 6	8				
		4-Φ7	7				
		4-Φ11 位置尺寸 65×38	4				
		$Φ32_0^{+0.03}$	4				
		Φ32 位置尺寸外形中心	8				
		Φ32 垂直度 Φ0.1	8				
		2-Φ11 深 6	4				
		2-Φ7 深 22.5	4				
		2-M6 深 12	4				
		槽宽 4 深 29	10				
		槽宽 4 一边通	5				
2	倒角	C1、C3					
3	表面质量	. Ra3.2					
	总分						
	产生不合格品的情况分析						

三、误差分析

根据检测结果进行误差分析，将分析结果填写在表 6-4-3 中。

表 6-4-3　误差分析

测量内容		零件名称	
测量工具和仪器		测量人员	
班级		日期	

测量目的：

测量步骤：

测量要领：

结论

质量问题	产生原因	修正措施
外形尺寸误差		
几何公差误差		
表面粗糙度误差		
其他误差		

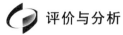

评价与分析

进行考核评价与分析(表 6-4-4)。

表 6-4-4　过程考核评价 Ⅳ

姓名		班级		单位	
评价内容			分值	自评(30%)	互评(30%)	师评(40%)
职业素养(30%):						
1.出勤准时率			6			
2.学习态度			8			
3.承担任务量			6			
4.团队协作性			10			
专业能力(70%):						
1.测量要素与量具的正确选择			15			
2.零件检测数据的准确性			30			
3.误差分析的完整性、严谨性			20			
4.零件检验与质量分析的准确性			5			
总　计			100			
个人认为完成得好的地方						
值得改进的地方						
小组综合评价:			非常满意			
			满意			
			不太满意			
			不满意			

组长签名:　　　　　　　　　　　　　　教师签名:

学习活动5　支座的成果展示与总结评价

【学习目标】

- 能积极展示学习成果,在小组讨论中总结和反思,提高学习效率。
- 能遵守实训车间规定,整理打扫现场。

【建议学时】

2学时。

【学习过程】

一、个人总结

1.你能否在规定时间内完成零件的加工? 如果不能,原因是什么?

2.通过零件加工,你学到了哪些编程知识与加工技能?
(1)编程知识:

(2)加工技能:

二、团队总结

组内讨论分析任务完成情况。
制定工作总结提纲:＿＿＿＿＿＿＿＿＿＿＿＿＿＿＿＿＿＿＿＿＿＿
＿＿＿＿＿＿＿＿＿＿＿＿＿＿＿＿＿＿＿＿＿＿＿＿＿＿＿＿＿＿＿＿＿
＿＿＿＿＿＿＿＿＿＿＿＿＿＿＿＿＿＿＿＿＿＿＿＿＿＿＿＿＿＿＿＿＿
＿＿＿＿＿＿＿＿＿＿＿＿＿＿＿＿＿＿＿＿＿＿＿＿＿＿＿＿＿＿＿＿＿
＿＿＿＿＿＿＿＿＿＿＿＿＿＿＿＿＿＿＿＿＿＿＿＿＿＿＿＿＿＿＿＿＿
＿＿＿＿＿＿＿＿＿＿＿＿＿＿＿＿＿＿＿＿＿＿＿＿＿＿＿＿＿＿＿＿＿

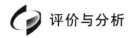 **评价与分析**

进行考核评价与分析(表 6-5-1)。

表 6-5-1 过程考核评价 V

姓名		班级		单位			
评价内容				分值	自评(30%)	互评(30%)	师评(40%)
职业素养(30%):							
1.出勤准时率				6			
2.学习态度				8			
3.承担任务量				6			
4.团队协作性				10			
专业能力(70%):							
1.项目总结的完整性、规范性				15			
2.项目总结的科学严谨性				15			
3.项目总结的应用工艺及方法正确性				25			
4.汇报展示				15			
总　计				100			
个人认为完成得好的地方							
值得改进的地方							
小组综合评价:				非常满意			
				满意			
				不太满意			
				不满意			
组长签名:				教师签名:			

学习任务七　新高速旋盖机燕尾块加工

【学习目标】

理论知识目标：

1.能独立阅读生产任务单,明确工时、加工数量等要求,说出所加工零件的用途、功能和分类。

2.能对燕尾块图样进行正确分析,明确加工技术要求。

3.能测量工件加工精度,能合理制定燕尾块的数控加工工艺路线。

4.能使用三维软件对燕尾块零件进行数控加工程序编制。

实践技能目标：

1.掌握用三维软件自动编制铣平面、铣轮廓、打孔等加工程序。

2.掌握用三维软件自动编程并导出程序的方法。

3.能完成燕尾块零件的加工。

【建议学时】

24 学时。

【工作情景描述】

某机械加工制造有限公司需定制一批新高速旋盖机中的燕尾块 50 件,该公司提供零件加工图纸及毛坯,要求我方严格按照零件图纸技术要求加工,要求交货期为 10 天。现车间安排我们数控铣工组完成此加工任务。燕尾块图样见图 7-0-1。

【工作流程与活动】

学习活动 1:燕尾块的图样分析(2 学时)

学习活动 2:燕尾块的工艺准备与程序编制(6 学时)

学习活动 3:燕尾块的零件加工(10 学时)

学习活动 4:燕尾块的检验与质量分析(4 学时)

学习活动 5:燕尾块的成果展示与总结评价(2 学时)

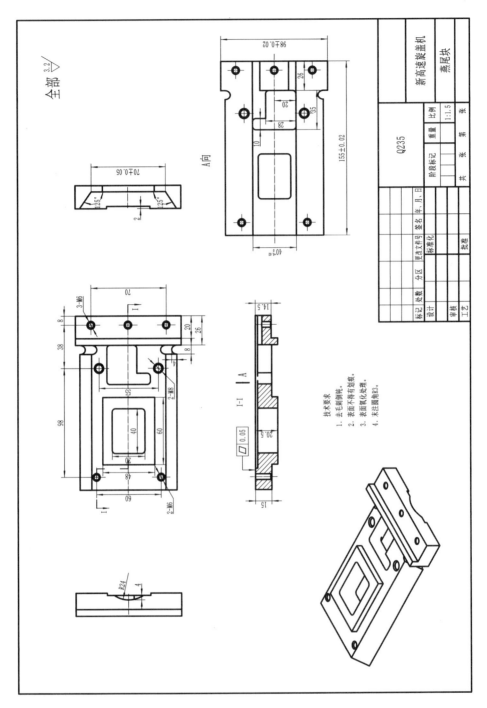

图 7-0-1 燕尾块图样

学习活动1 燕尾块的图样分析

【学习目标】

• 能通过识读图样,获取图样中的工艺要求等信息。
• 能够独立地对燕尾块零件图样进行正确、合理的分析。

【建议学时】

2学时。

【学习过程】

一、接受任务

1.听教师描述本次加工任务。

2.本生产任务工期为10天,请依据任务要求,制订合理的工作进度计划,并根据小组成员的特点进行分工,填入表7-1-1中。

表7-1-1 任务分工

序号	工作内容	时间	成员	负责人
1	工艺分析			
2	编制程序			
3	零件加工			
4	零件检验与质量分析			

二、识读图样

1.本零件的加工部位有哪些?分别采用什么加工方法?

2.根据本加工任务的零件外形尺寸选择合适的毛坯,并在图框中绘制毛坯图样。

(1)毛坯的材质牌号为_____,材料的名称为_____。

(2)毛坯相对于零件外形基本尺寸的余量为_____mm。

(3)毛坯尺寸确定为_____mm×_____mm×_____mm。

3.根据零件图,确定工件坐标位置。工件坐标位置不同,对零件加工有何影响?

4.由于采用批量生产,为了保证每次工件装夹都在同一位置,采用靠点定位,那么怎么确定工件每次装夹都与靠点贴合?

三、计算基点坐标

编程时需要知道每一个基点的坐标,如果工件坐标系原点设在工件的中心,确定本零件图形各基点的坐标。

试着标出本零件图形的基点并计算各点的坐标(图 7-1-1、表 7-1-2)。

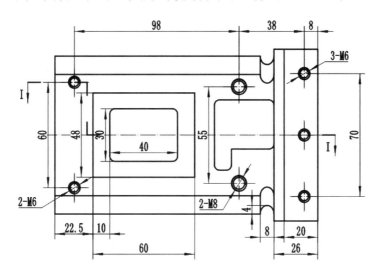

图 7-1-1　基点坐标

表 7-1-2　基点坐标

序号	X 坐标	Y 坐标	序号	X 坐标	Y 坐标	序号	X 坐标	Y 坐标	序号	X 坐标	Y 坐标

评价与分析

进行考核评价与分析(表 7-1-3)。

表 7-1-3　过程考核评价 I

姓名		班级		单位			
评价内容				分值	自评(30%)	互评(30%)	师评(40%)
职业素养(30%):							
1.出勤准时率				6			
2.学习态度				8			
3.承担任务量				6			
4.团队协作性				10			
专业能力(70%):							
1.工作计划的可行性				10			
2.识读图样				30			
3.计算基点坐标				20			
4.加工可行性分析的逻辑性和结论正确性				10			
总　计				100			

组长签名:　　　　　　　　　　　教师签名:

学习活动2　燕尾块的工艺准备与程序编制

【学习目标】

- 能正确选择刀具和夹具。
- 能合理安排燕尾块的加工顺序。
- 能合理制定燕尾块的数控加工工艺路线,填写数控加工工序卡。
- 能正确运用刀具半径补偿指令编制程序,按照程序格式要求编制数控铣削加工程序。

【建议学时】

6学时。

【学习过程】

一、选择夹具

燕尾块零件加工的装夹方式是什么? 叙述安装过程。

二、选择刀具

根据燕尾块的加工内容,选择合适刀具,完成刀具卡(表7-2-1)。

表 7-2-1　刀具卡

零件名称		燕尾块		零件图号				
设备名称			设备型号			材料名称		
刀具编号	刀具名称	刀具材料及牌号		加工内容	刀具参数		刀补地址	
					直径	长度	直径	长度
编制		审核		批准			第　页	共　页

三、制定工艺方案

确定零件的加工顺序并填写数控加工工艺卡片(表 7-2-2～表 7-2-5)。

表 7-2-2　零件加工工艺卡

附件	机械加工工艺过程卡片	产品型号		零件图号		文件编号	
		产品名称		零件名称		共　页	第　页

材料牌号	毛坯种类	毛坯外形尺寸	每毛坯件数	每台件数		备注	

序号	工序名称	工序内容	车间	工段	设备	工艺装备	工时	
							准终	单件

	设计（日期）	校核（日期）	标准化（日期）	会签（日期）	审核（日期）

标记	处理	更改文件号	签字	日期	标记	处理	更改文件号	签字	日期
描　图									
描　校									
底图号									
装订号									

183

表 7-2-3　数控加工工序卡

零件名称		零件图号		夹具名称	
设备名称			设备型号		
材料名称		工序名称		工序号	

工步号	工步内容	切削用量			刀具		量具名称	程序号
		n	f	a_p	编号	名称		

表 7-2-4　数控加工工序卡

零件名称		零件图号		夹具名称	
设备名称			设备型号		
材料名称		工序名称		工序号	

工步号	工步内容	切削用量			刀具		量具名称	程序号
		n	f	a_{p}	编号	名称		

表 7-2-5　数控加工工序卡

零件名称		零件图号		夹具名称	
设备名称			设备型号		
材料名称		工序名称		工序号	

工步号	工步内容	切削用量			刀具		量具名称	程序号
		n	f	a_p	编号	名称		

四、编制程序

1. 根据图样确定编程原点并在图中标出。

2. 根据零件图样及加工工艺,结合所学数控系统知识,归纳出燕尾块零件需用的编程指令,包括 G 代码指令和辅助指令,填入表 7-2-6 中。

表 7-2-6　燕尾块零件需用的编程指令

序号	选择的指令	指令格式

3. 用 CAXA 制造工程师对新高速旋盖机的燕尾块进行自动编程,用什么编程命令来编程?

4.斜面退刀槽采用 CAXA 制造工程师什么命令来编程？

5.根据零件加工步骤及编程分析，小组讨论零件的数控加工程序，填入表 7-2-7～表 7-2-13 中。

表 7-2-7 ＿＿＿＿＿＿加工程序

程序段号	程序	程序段号	程序

表 7-2-8 ＿＿＿＿＿＿加工程序

程序段号	程序	程序段号	程序

表 7-2-9 ＿＿＿＿＿＿加工程序

程序段号	程序	程序段号	程序

表 7-2-10 _____ 加工程序

程序段号	程序	程序段号	程序

表 7-2-11 _____ 加工程序

程序段号	程序	程序段号	程序

表 7-2-12 _____加工程序

程序段号	程序	程序段号	程序

表 7-2-13 _____加工程序

程序段号	程序	程序段号	程序

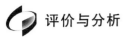 评价与分析

进行考核评价与分析(表 7-2-14)。

表 7-2-14　过程考核评价 Ⅱ

姓名		班级		单位			
评价内容				分值	自评(30%)	互评(30%)	师评(40%)
职业素养(30%):							
1.出勤准时率				6			
2.学习态度				8			
3.承担任务量				6			
4.团队协作性				10			
专业能力(70%):							
1.选择夹具的正确性				5			
2.选择刀具的正确性				5			
3.制定工艺方案的合理性				30			
4.编制程序的正确性				30			
总　计				100			
小组综合评价:				非常满意			
				满意			
				不太满意			
				不满意			

组长签名：　　　　　　　　　　　　教师签名：

学习活动 3 燕尾块的零件加工

【学习目标】

- 能遵守实训车间各项规定,并规范使用数控铣床。
- 能独立完成零件的装夹、刀具的选择、不同刀具的对刀等操作。
- 程序的输入、调试、首件试切。
- 能独立完成零件的加工与调试。
- 能正确使用量具进行零件尺寸测量及精度控制。

【建议学时】

10 学时。

【学习过程】

一、零件加工

1.选择合适的刀具完成对刀,输入程序并完成加工,观察加工路径是否符合图样要求,将加工操作步骤填入表 7-3-1 中。

表 7-3-1 加工操作步骤

步骤	操作过程

2.根据工件轮廓形状判断加工程序的对错,并经小组讨论后修改零件加工程序,填入表 7-3-2 中。

表 7-3-2　零件加工程序修改

序号	程序错误	修改意见

3.程序运行结束,在机床上实时完成对零件尺寸的检测,并填入表 7-3-3 中。

表 7-3-3　零件尺寸测量

检测内容	序号	检测项目	自测结果	是否合格
零件尺寸	1	外形尺寸 155×98×20.5		
	2	槽 40×2		
	3	方凸台尺寸 60×48×5.5		
	4	方凸台定位尺寸 22.5 与中心		
	5	方槽 40×30,R3		
	6	异形槽 28×35,R3		
	7	异形槽定位尺寸 26 与 20		
	8	台阶 20×6		
	9	5-M6 螺纹孔		
	10	5-M6 螺纹孔定位尺寸		
	11	2-M8 螺纹孔		
	12	2-M8 螺纹孔定位尺寸		
	13	斜面尺寸 125°、70		
倒角	14	锐角倒钝,孔口倒角		
表面质量	15	Ra3.2		

4.检验零件的加工精度,对不合格项目提出工艺方案修改意见,填入表7-3-4。

表 7-3-4　不合格项目修改意见

序号	不合格项目	修改意见

评价与分析

进行考核评价与分析(表7-3-5)。

表 7-3-5　过程考核评价Ⅲ

姓名		班级		单位			
评价内容				分值	自评(30%)	互评(30%)	师评(40%)
职业素养(30%):							
1.出勤准时率				6			
2.学习态度				8			
3.承担任务量				6			
4.团队协作性				10			

续表

姓名		班级		单位				
评价内容				分值	自评(30%)	互评(30%)	师评(40%)
专业能力(70%)：							
1.准备工作的充分性				5			
2.操作机床的规范性和安全性				5			
3.操作过程的精益化工作理念				10			
4.零件加工质量稳定性				20			
5.在线检验数据的可信度				10			
6.数据分析及精度控制的正确性				10			
7.安全文明生产及6S				10			
总　计				100			
工作时间				提前完成			
				准时完成			
				滞后完成			
个人认为完成得好的地方							
值得改进的地方							
小组综合评价：				非常满意			
				满意			
				不太满意			
				不满意			

组长签名：　　　　　　　　　　　　　　　　教师签名：

学习活动4　燕尾块的零件检验与质量分析

【学习目标】

1.能根据燕尾块图样,合理选择检验工具和量具,确定检测方法,完成燕尾块各要素的直接和间接测量。

2.能根据燕尾块的检测结果,分析产生误差的原因。

3.能规范地使用工量具,并对其进行合理保养和维护。

4.能根据检测结果正确填写检验报告单。

5.能按检验室管理要求正确放置工量具。

【建议学时】

4学时。

【学习过程】

一、明确测量要素,领取检测用量具

1.燕尾块零件有哪些要素需要测量?

2.根据燕尾块零件测量要素,写出检测燕尾块所对应的量具,并填入表7-4-1中。

表7-4-1　检测燕尾块所对应的量具

序号	量具名称	量具规格	检测内容	备注

二、检测零件,填写燕尾块质量检验单

根据图样要求,自测和互测燕尾块,并填写质量检验单(表 7-4-2)。

表 7-4-2 零件质量检验单

序号	检测内容	检测项目	分值	自测结果	得分	互测结果	得分
1	零件尺寸	外形尺寸 155×98×20.5	7				
		槽 40×2	16				
		方凸台尺寸 60×48×5.5	8				
		凸台定位 22.5 与中心	7				
		方槽 40×30, R3	4				
		异形槽 28×35,R3	4				
		异形槽定位 26 与 20	8				
		台阶 20×6	8				
		5-M6 螺纹孔	4				
		5-M6 螺纹孔定位尺寸	4				
		2-M8 螺纹孔	4				
		2-M8 螺纹孔定位尺寸	10				
		斜面尺寸 125°、70	5				
2	倒角	锐角倒钝, 孔口倒角	5				
3	表面质量	Ra3.2	6				
总　分							
产生不合格品的情况分析							

三、误差分析

根据检测结果进行误差分析,将分析结果填写在表 7-4-3 中。

表 7-4-3　误差分析

测量内容		零件名称	
测量工具和仪器		测量人员	
班级		日期	

测量目的:

测量步骤:

测量要领:

结论		
质量问题	产生原因	修正措施
外形尺寸误差		
几何公差误差		
表面粗糙度误差		
其他误差		

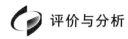 评价与分析

进行考核评价与分析(表7-4-4)。

表7-4-4 过程考核评价 Ⅳ

姓名		班级		单位			
评价内容				分值	自评(30%)	互评(30%)	师评(40%)
职业素养(30%):							
1.出勤准时率				6			
2.学习态度				8			
3.承担任务量				6			
4.团队协作性				10			
专业能力(70%):							
1.测量要素与量具的正确选择				15			
2.零件检测数据的准确性				30			
3.误差分析的完整性、严谨性				20			
4.零件检验与质量分析的准确性				5			
总　计				100			
个人认为完成得好的地方							
值得改进的地方							
小组综合评价:				非常满意			
				满意			
				不太满意			
				不满意			

组长签名:　　　　　　　　　　　　　　教师签名:

学习活动 5　燕尾块的成果展示与总结评价

【学习目标】

- 能积极展示学习成果,在小组讨论中总结和反思,提高学习效率。
- 能遵守实训车间规定,整理打扫现场。

【建议学时】

2 学时。

【学习过程】

一、个人总结

1.你能否在规定时间内完成零件的加工？ 如果不能,原因是什么？

2.通过零件加工你学到了哪些编程知识与加工技能？
(1)编程知识：

(2)加工技能：

二、团队总结

组内讨论分析任务完成情况。
制定工作总结提纲：_____

_____

_____

_____

_____

_____

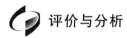 **评价与分析**

进行考核评价与分析(表 7-5-1)。

表 7-5-1 过程考核评价 V

姓名		班级		单位			
评价内容				分值	自评(30%)	互评(30%)	师评(40%)
职业素养(30%):							
1.出勤准时率				6			
2.学习态度				8			
3.承担任务量				6			
4.团队协作性				10			
专业能力(70%):							
1.项目总结的完整性、规范性				15			
2.项目总结的科学严谨性				15			
3.项目总结的应用工艺及方法正确性				25			
4.汇报展示				15			
总　计				100			
个人认为完成得好的地方							
值得改进的地方							
小组综合评价:				非常满意			
				满意			
				不太满意			
				不满意			

组长签名:　　　　　　　　　　　　教师签名:

学习任务八　积木螺杆剪切块零件加工

【学习目标】

理论知识目标：

1.能独立阅读生产任务单，明确工时、加工数量等要求，说出所加工零件的用途、功能和分类。

2.能对剪切块图样进行正确分析，明确加工技术要求。

3.能测量工件加工精度，能合理制定剪切块的数控加工工艺路线，填写数控加工工序卡。

4.能使用数控编程软件对剪切块零件进行数控加工程序编制。

实践技能目标：

1.掌握 UG 编程并能修改程序。

2.能完成剪切块零件的加工。

【建议学时】

24 学时。

【工作情景描述】

某机械加工制造有限公司需定制一批积木螺杆中的剪切块 50 件，该公司提供零件加工图纸及毛坯，要求我方严格按照零件图纸技术要求加工，要求交货期为 10 天，现车间安排我们数控铣工组完成此加工任务。剪切块图样见图 8-0-1。

【工作流程与活动】

学习活动 1：剪切块的图样分析（2 学时）

学习活动 2：剪切块的工艺准备与程序编制（6 学时）

学习活动 3：剪切块的零件加工（10 学时）

学习活动 4：剪切块的检验与质量分析（4 学时）

学习活动 5：剪切块的成果展示与总结评价（2 学时）

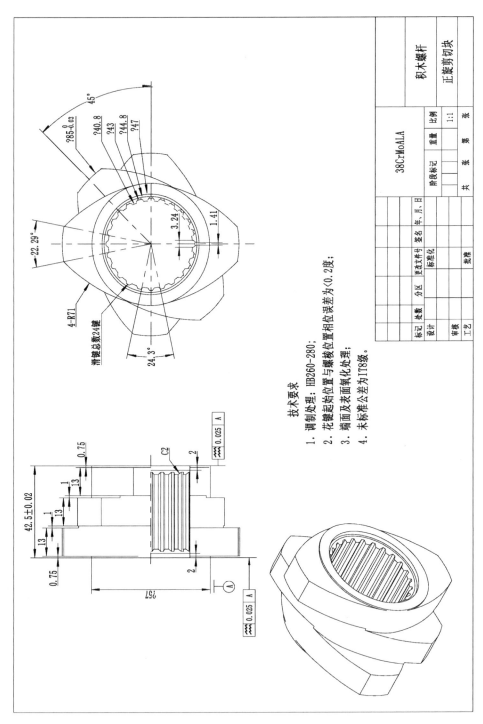

技术要求

1. 调制处理：HB260~280；
2. 花键起始位置与螺棱位置相位装差为＜0.2度；
3. 端面及表面氧化处理；
4. 未标准公差为IT8级。

图8-0-1 剪切块图样

					38CrMoAlA			积木螺杆	
								正嵌剪切块	
				阶段标记	重量	比例			
						1:1			
标记	处数	分区	更改文件号	签名	年、月、日		共 张	第 张	
设计				标准化					
审核									
工艺			批准						

学 习 活 动 1　剪 切 块 的 图 样 分 析

【学习目标】

- 能通过识读图样,获取图样中的工艺要求等信息。
- 能够独立地对剪切块零件图样进行正确、合理的分析。

【建议学时】

2 学时。

【学习过程】

一、接受任务

1.听教师描述本次加工任务。

2.本生产任务工期为 10 天,请依据任务要求,制订合理的工作进度计划,并根据小组成员的特点进行分工,填入表 8-1-1中。

表 8-1-1　任务分工

序号	工作内容	时间	成员	负责人
1	工艺分析			
2	编制程序			
3	零件加工			
4	零件检验与质量分析			

二、识读图样

1.积木螺杆的剪切块零件外形轮廓可以采用几种方法来加工?

2.根据本加工任务的零件外形尺寸选择合适的毛坯,并在图框中绘制毛坯图样。

(1)毛坯的材质牌号为_____,材料的名称为_____。

(2)毛坯相对于零件外形基本尺寸的余量为_____mm。

(3)毛坯尺寸确定为_____mm×_____mm×_____mm。

3.分析零件图样,写出本零件的关键尺寸,并进行相应的尺寸公差计算,为编程做准备。

4.剪切块零件的外轮廓形状如果采用4轴来编程加工,那么4轴编程采用什么三维自动编程软件?

四、计算基点坐标

编程时需要知道每一个基点的坐标,如果工件坐标系原点设在工件的中心,确定本零件图形各基点的坐标。

试着标出本零件图形的基点并计算各点的坐标(图 8-1-1、表 8-1-2)。

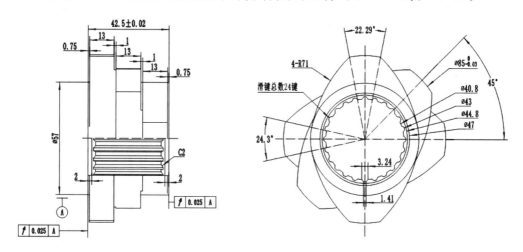

图 8-1-1　基点坐标

表 8-1-2　剪切块每联加工尺寸的轴向坐标

联数	加工刀具	1 联	2 联	3 联

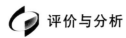 评价与分析

进行考核评价与分析(表 8-1-3)。

表 8-1-3   过程考核评价 I

姓名		班级		单位			
评价内容				分值	自评(30%)	互评(30%)	师评(40%)
职业素养(30%):							
1.出勤准时率				6			
2.学习态度				8			
3.承担任务量				6			
4.团队协作性				10			
专业能力(70%):							
1.工作计划的可行性				10			
2.识读图样				30			
3.计算基点坐标				20			
4.加工可行性分析的逻辑性和结论正确性				10			
总 计				100			

组长签名: 教师签名:

学习活动 2　剪切块的工艺准备与程序编制

【学习目标】

- 能正确选择刀具和夹具。
- 能合理安排剪切块的加工顺序。
- 能合理制定剪切块的数控加工工艺路线,填写数控加工工序卡。
- 能正确运用刀具半径补偿指令编制程序,按照程序格式要求编制数控铣削加工程序。

【建议学时】

6 学时。

【学习过程】

一、选择夹具

剪切块零件加工的装夹方式是什么? 叙述安装过程。

二、选择刀具

根据剪切块的加工内容,选择合适刀具,完成刀具卡(表 8-2-1)。

表 8-2-1　刀具卡

零件名称	积木螺杆剪切块		零件图号					
设备名称		设备型号			材料名称			
刀具编号	刀具名称	刀具材料及牌号	加工内容	刀具参数		刀补地址		
				直径	长度	直径	长度	
编制		审核		批准		第　页	共　页	

三、制定工艺方案

确定零件的加工顺序并填写数控加工工艺卡片（表 8-2-2～表 8-2-5）。

表8-2-2　零件加工工艺卡

机械加工工艺过程卡片	产品型号		零件图号		文件编号	
	产品名称		零件名称		共 页	第 页

附件										
材料牌号	毛坯种类	毛坯外形尺寸		每毛坯件数	每台件数		备注			

序号	工序名称	工序内容	车间	工段	设备	工艺装备	工 时	
							准终	单件

		设 计（日期）	校 核（日期）	标准化（日期）	会 签（日期）	审 核（日期）
描 图						
描 校						
底图号						
装订号						
标记	处理	更改文件号	签字	日期	标记	处理 更改文件号 签字 日期

211

表 8-2-3　数控加工工序卡

零件名称		零件图号		夹具名称	
设备名称			设备型号		
材料名称		工序名称		工序号	

工步号	工步内容	切削用量			刀具		量具名称	程序号
		n	f	a_p	编号	名称		

表 8-2-4　数控加工工序卡

零件名称		零件图号		夹具名称	
设备名称			设备型号		
材料名称		工序名称		工序号	

工步号	工步内容	切削用量			刀具		量具名称	程序号
		n	f	a_p	编号	名称		

表 8-2-5　数控加工工序卡

零件名称		零件图号		夹具名称	
设备名称			设备型号		
材料名称		工序名称		工序号	

工步号	工步内容	切削用量			刀具		量具名称	程序号
		n	f	a_p	编号	名称		

四、编制程序

1.根据图样确定编程原点并在图中标出。

2.根据零件图样及加工工艺,结合所学数控系统知识,归纳出剪切块零件需用的编程指令,包括 G 代码指令和辅助指令,填入表 8-2-6 中。

表 8-2-6　剪切块零件需用的编程指令

序号	选择的指令	指令格式

3.手工绘制剪切块零件加工刀具路径,包括下刀位置、起刀位置、切削路径等。

4.剪切块零件装夹应满足哪些要求才能加工出合格的工件？

5.根据零件加工步骤及编程分析，小组讨论零件的数控加工程序，填入表 8-2-7～表 8-2-13 中。

表 8-2-7 _____ 加工程序

程序段号	程序	程序段号	程序

表 8-2-8 _____ 加工程序

程序段号	程序	程序段号	程序

表 8-2-9 _____ 加工程序

程序段号	程序	程序段号	程序

表 8-2-10 _____ 加工程序

程序段号	程序	程序段号	程序

表 8-2-11 _____ 加工程序

程序段号	程序	程序段号	程序

表 8-2-12 _____ 加工程序

程序段号	程序	程序段号	程序

表 8-2-13 _____ 加工程序

程序段号	程序	程序段号	程序

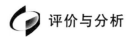 **评价与分析**

进行考核评价与分析(表8-2-14)。

表8-2-14　过程考核评价Ⅱ

姓名		班级		单位		
评价内容				分值	自评(30%)	互评(30%)	师评(40%)
职业素养(30%):							
1.出勤准时率				6			
2.学习态度				8			
3.承担任务量				6			
4.团队协作性				10			
专业能力(70%):							
1.选择夹具的正确性				5			
2.选择刀具的正确性				5			
3.制定工艺方案的合理性				30			
4.编制程序的正确性				30			
总　　计				100			

小组综合评价:	非常满意	
	满意	
	不太满意	
	不满意	

组长签名:　　　　　　　　　　　　　　教师签名:

学习活动 3　剪切块的零件加工

【学习目标】

- 能遵守实训车间各项规定,并规范使用数控铣床。
- 能独立完成零件的装夹、刀具的选择、不同刀具的对刀等操作。
- 程序的输入、调试、首件试切。
- 能独立完成零件的加工与调试。
- 能正确使用量具进行零件尺寸测量及精度控制。

【建议】

10 学时。

【学习过程】

一、零件加工

1. 选择合适的刀具完成对刀,输入程序并完成加工,观察加工路径是否符合图样要求,将加工操作步骤填入表 8-3-1 中。

表 8-3-1　加工操作步骤

步骤	操作过程

2.根据轮廓形状判断加工程序的对错,并经小组讨论后修改零件加工程序,填入表 8-3-2 中。

表 8-3-2　零件加工程序修改

序号	程序错误	修改意见

3.程序运行结束,在机床上实时完成对零件尺寸的检测,并填入表 8-3-3中。

表 8-3-3　零件尺寸测量

检测内容	序号	检测项目	自测结果	是否合格
零件尺寸	1	3-13 外形轮廓厚度		
	2	2-14 第二个外形轮廓尺寸		
	3	4-R71		
	4	Φ57		
	5	轮廓外形与中心对称尺寸		
	6	角度 22.29°		
	7	角度 24.3°		
	8	花键槽与外形轮廓位置尺寸		
	9	外形轮廓端面与平面的平行		
表面质量	10	Ra3.2		

4.检验零件的加工精度,对不合格项目提出工艺方案修改意见,填入表 8-3-4中。

表 8-3-4 不合格项目修改意见

序号	不合格项目	修改意见

评价与分析

进行考核评价与分析(表 8-3-5)。

表 8-3-5 过程考核评价 Ⅲ

姓名		班级		单位			
评价内容				分值	自评(30%)	互评(30%)	师评(40%)
职业素养(30%):							
1.出勤准时率				6			
2.学习态度				8			
3.承担任务量				6			
4.团队协作性				10			

续表

姓名		班级		单位			
评价内容				分值	自评(30%)	互评(30%)	师评(40%)
专业能力(70%)：							
1.准备工作的充分性				5			
2.操作机床的规范性和安全性				5			
3.操作过程的精益化工作理念				10			
4.零件加工质量稳定性				20			
5.在线检验数据的可信度				10			
6.数据分析及精度控制的正确性				10			
7.安全文明生产及6S				10			
总　计				100			
工作时间				提前完成			
				准时完成			
				滞后完成			
个人认为完成得好的地方							
值得改进的地方							
小组综合评价：				非常满意			
				满意			
				不太满意			
				不满意			

组长签名：　　　　　　　　　　　　教师签名：

学习活动 4　剪切块的检验与质量分析

【学习目标】

1. 能根据剪切块图样,合理选择检验工具和量具,确定检测方法,完成剪切块各要素的直接和间接测量。
2. 能根据剪切块的检测结果,分析产生误差的原因。
3. 能规范地使用工量具,并对其进行合理保养和维护。
4. 能根据检测结果正确填写检验报告单。
5. 能按检验室管理要求正确放置工量具。

【建议学时】

4 学时。

【学习过程】

一、明确测量要素,领取检测用量具

1. 剪切块零件有哪些要素需要测量?

2. 根据剪切块零件测量要素,写出检测剪切块所对应的量具,并填入表 8-4-1 中。

表 8-4-1　检测剪切块所对应的量具

序号	量具名称	量具规格	检测内容	备注

二、检测零件,填写剪切块质量检验单

根据图样要求,自测和互测剪切块,并填写质量检验单(表 8-4-2)。

表 8-4-2　零件质量检验单

序号	检测内容	检测项目	分值	自测结果	得分	互测结果	得分
1	零件尺寸	3-13 外形轮廓厚度	20				
		2-14 第二个外形轮廓尺寸	10				
		4-R71	10				
		Φ57	10				
		轮廓外形与中心对称尺寸	10				
		角度 22.29°	5				
		角度 24.3°	5				
		花键槽与外形轮廓位置尺寸	10				
		外形轮廓端面与平面的平行	10				
2	表面质量	Ra3.2	10				
总　分			100				
产生不合格品的情况分析							

三、误差分析

根据检测结果进行误差分析,将分析结果填写在表 8-4-3 中。

表 8-4-3　误差分析

测量内容		零件名称	
测量工具和仪器		测量人员	
班级		日期	

测量目的：

测量步骤：

测量要领：

结论

质量问题	产生原因	修正措施
外形尺寸误差		
几何公差误差		
表面粗糙度误差		
其他误差		

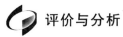 **评价与分析**

进行考核评价与分析（表 8-4-4）。

表 8-4-4　过程考核评价 Ⅳ

姓名		班级		单位			
评价内容				分值	自评(30%)	互评(30%)	师评(40%)
职业素养(30%)：							
1.出勤准时率				6			
2.学习态度				8			
3.承担任务量				6			
4.团队协作性				10			
专业能力(70%)：							
1.测量要素与量具的正确选择				15			
2.零件检测数据的准确性				30			
3.误差分析的完整性、严谨性				20			
4.零件检验与质量分析的准确性				5			
总　　计				100			
个人认为完成得好的地方							
值得改进的地方							
小组综合评价：				非常满意			
				满意			
				不太满意			
				不满意			

组长签名：　　　　　　　　　　　　　　　　教师签名：

学习活动5　剪切块的成果展示与总结评价

【学习目标】

- 能积极展示学习成果,在小组讨论中总结和反思,提高学习效率。
- 能遵守实训车间规定,整理打扫现场。

【建议学时】

2学时。

【学习过程】

一、个人总结

1.你能否在规定时间内完成零件的加工？ 如果不能,原因是什么？

2.通过零件加工你学到了哪些编程知识与加工技能？
(1)编程知识:

(2)加工技能:

二、团队总结

组内讨论分析任务完成情况。

制定工作总结提纲:_____

_____

_____

_____

_____

_____

 评价与分析

进行考核评价与分析（表 8-5-1）。

表 8-5-1　过程考核评价 V

姓名		班级		单位			
评价内容				分值	自评(30%)	互评(30%)	师评(40%)
职业素养(30%)：							
1.出勤准时率				6			
2.学习态度				8			
3.承担任务量				6			
4.团队协作性				10			
专业能力(70%)：							
1.项目总结的完整性、规范性				15			
2.项目总结的科学严谨性				15			
3.项目总结的应用工艺及方法正确性				25			
4.汇报展示				15			
总　　计				100			
个人认为完成得好的地方							
值得改进的地方							
小组综合评价：				非常满意			
				满意			
				不太满意			
				不满意			

组长签名：　　　　　　　　　　　　教师签名：

学习任务九　数控铣项目加工基本知识

【学习目标】

1.掌握数控操作面板各按键的含义及操作。

2.掌握数控程序的编写步骤、方法与格式。

3.掌握数控铣床坐标系的方向判断和工件坐标系的设置。

4.掌握数控铣床对刀操作。

5.会使用数控加工中的常用夹具。

6.能运用CAXA制造工程师软件自动编程加工简单产品。

知识点 1　数控操作面板

【任务目标】

1.熟悉数控操作面板各按键的含义。

2.熟练掌握数控面板各按键的操作方法。

【任务描述】

1.程序的录入。

2.程序的编辑。

3.检索一个地址的操作步骤。

4.程序的删除。

5.机床开机后主轴运行步骤。

6.机床主轴运行后,主轴停止的步骤。

7.检验对刀位置是否正确的步骤。

8.调试工件加工程序的步骤。

【任务链接】

一、FANUC-0i MC 系统数控操作面板介绍

任何数控机床的操作面板都是由 LED 显示屏、系统操作面板、机床控制面板三部分组成的,如图 9-1-1 所示。

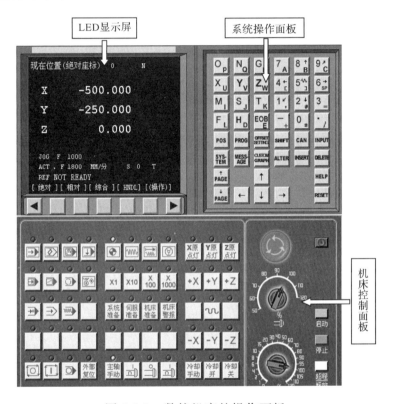

图 9-1-1　数控机床的操作面板

显示屏主要用来显示相关坐标位置、程序、图形、参数、诊断、报警等信息,字母键和数字键主要进行手动数据、程序、参数以及机床指令的输入,功能键进行机床功能的选择。

1.按键说明

按键说明见表 9-1-1。

表 9-1-1　按键说明

编号	名称	功能说明
1	复位键	按这个键可以使 CNC 复位或者取消报警等
2	帮助键	当对 MDI 键的操作不明白时,按这个键可以获得帮助

编号	名称	功能说明
3	软键	根据不同的画面,软键有不同的功能,软键功能显示在屏幕的底端
4	地址和数字键 O_P　EOB 键 EOB/E	按这些键可以输入字母、数字或其他字符。 EOB 为程序段结束符,结束一行程序的输入并换行
5	换挡键 SHIFT	在有些键上有两个字符,按"SHIFT"键输入键面右下角的字符
6	输入键 INPUT	将输入缓冲区的数据输入参数页面或者输入一个外部的数控程序。这个键与软键中的[INPUT]键是等效的
7	取消键 CAN	取消键,用于删除最后一个进入输入缓存区的字符或符号
8	程序编辑键 ALTER、INSERT、DELETE （当编辑程序时按这些键）	ALTER:替换键,用输入的数据代光标所在的数据 INSERT:插入键,把缓冲区的数据插入光标之后 DELETE:删除键,删除光标所在的数据,或者删除一个程序,或者删除全部数控程序
9	功能键 POS PROG OFFSET SETTING SYSTEM MESSAGE CUSTOM GRAPH	按这些键用于切换各种功能显示画面
10	光标移动键	→将光标向右移动 ←将光标向左移动 ↓将光标向下移动 ↑将光标向上移动
11	翻页键	PAGE↓将屏幕显示的页面往后翻页 PAGE↑将屏幕显示的页面往前翻页

2.功能键和软键

功能键用来选择将要显示的屏幕画面,按功能键之后再按与屏幕文字相对的软键,就可以选择与所选功能相关的屏幕画面。

(1)功能键。功能键用来选择将要显示的屏幕的种类。

POS:按此键以显示位置页面;

:按此键以显示程序页面；

:按此键以显示补正/设置页面，包括坐标系、刀具补偿和参数设置页面；

:按此键以显示系统页面，可进行 CNC 系统参数和诊断参数设定，通常禁止修改；

:按此键以显示信息页面；

:按此键以显示用户宏页面或显示图形页面。

（2）软键。要显示一个更详细的屏幕，可以在按功能键后按软键。最左侧带有向左箭头的软键为菜单返回键，最右侧带有向右箭头的软键为菜单继续键。

（3）输入缓冲区。当按地址或数字键时，与该键相应的字符输入缓冲区，缓冲区的内容显示在 CRT 屏幕的底部。为了标明这是键盘输入的数据，在该字符前面会显示一个符号">"，在输入数据的末尾显示一个符号"_"标明下一个输入字符的位置。为了输入同一个键上右下方的字符，首先按 键，然后按需要输入的键就可以了。缓冲区中一次最多可以输入 32 个字符。按 键可取消缓冲区最后输入的字符或者符号。

（4）机床控制面板。机床控制面板主要进行机床调整、机床运动控制、机床动作控制等，一般有急停、操作方式选择、轴向选择、切削进给速度调整、快速移动速度调整、主轴的启停、程序调试功能及其他 M、S、T 功能等，详见表 9-1-2。

表 9-1-2　机床控制面板按键及其功能

按键	功能	按键	功能
	自动运行方式		编辑方式
	MDI 方式（手动数据输入）		DNC 方式
	手动返回参考点方式		JOG 方式（手动）
	手动增量方式		手轮方式
	单段执行		程序段跳过
	M01 选择停止		手轮示教方式
	程序再启动		机床锁住

按键	功能	按键	功能
	机床空运行		循环启动键
	进给保持键		M00 程序停止
	当 X 轴返回参考点时，X 原点灯亮		当 Y 轴返回参考点时，Y 原点灯亮
	当 Z 轴返回参考点时，Z 原点灯亮		X 轴选择键
	Y 轴选择键		Z 轴选择键
	手动进给正方向		快速键
	手动进给负方向		手动主轴停键
	手动主轴正转键		单步倍率
	手动主轴反转键		冷却液开关
	机床锁住		进给速度（F）调节旋钮，数字为 0 时没有进给运动
	调节主轴速度旋钮		急停键，换刀时要慎重，一般不要用于中断换刀，否则会使刀具处于非正常位置

（5）手轮面板。手轮面板按键及其功能见表 9-1-3。

表 9-1-3　手轮面板按键及其功能

按键	功能
	坐标轴：OFF、X、Y、Z、4，本机床无 4 轴； 单步进给量：$\times 1$、$\times 10$、$\times 100$，单位为 μm
	手轮顺时针转，机床往正方向移动；手轮逆时针转，机床往负方向移动。 当单步进给量选择较大时，手轮转动不要太快

二、机床控制面板上有 8 种功能来控制机床运行

（1）ZRN（手动返回机床参考零点方式）：机床启动后，按下此键，再配合各轴的使用，就可让机床返回参考点。

（2）JOG（手动进给方式）：按下此键，可与控制面板上的各轴按键配合使用，能在控制面板上对轴进行控制。

（3）RAPID（ ）：手动快速进给方式。

（4）MPG（手轮进给方式）：在控制面板上按下此键和手持单元件按键，就可对刀具的位置进行调整。

（5）DNC：电脑与数控机床联系并发送程序加工。

（6）MDI（手动数据输入方式）：按下此键，可输入加工程序，但程序运行完后不会在系统内保存。

（7）EDIT（程序编辑方式）：按下此键输入的程序可以保存，并且可以对已有的程序进行查看和修改。

（8）MEM（程序自动运行方式）：在编辑方式下输入程序或从系统中调出程序后，按下此键就可在自动运行方式下运行程序。

【任务实施】

一、数控铣床程序的输入与编辑

（一）程序的录入

操作步骤如下：

（1）"方式选择"选择"EDIT"方式。

（2）按下"PROG"键。

（3）按下地址键"O"，输入程序号。

（4）按下"INSERT"键。

（5）输入程序，每个程序段尾按"EOB"键，程序段自动录入。

（二）程序的编辑

首先，"方式选择"选择"EDIT"方式，按下"PROG"键，选择要进行编辑的程序。

检索一个将要修改的字，执行替换、插入、删除字等操作。

（三）检索一个地址的操作步骤（例如检索 M03）

（1）输入地址"M"。

（2）按下"［检索↓］"键。在检索完成后，光标停留在"M03"上。

（四）程序的删除

1.程序号检索方法

（1）选择"EDIT"方式。

（2）按下"PROG"键,显示程序画面。

（3）输入地址"O"。

（4）输入要检索的程序号。

（5）按下"［O　检索］"。

（6）检索结束后,检索到的程序号显示在画面的右上角。

2.删除一个程序的步骤

（1）选择"EDIT"方式。

（2）按下"PROG"键,显示程序画面。

（3）输入地址"O"。

（4）输入要删除的程序号。

（5）按下"DELETE"键。与输入的程序号对应的程序被删除。

3.删除所有程序的步骤

（1）选择"EDIT"方式。

（2）按下"PROG"键,显示程序画面。

（3）输入地址"O"。

（4）输入"－9999"。

（5）按下"DELETE"键,所有的程序都被删除。

（五）机床开机后主轴运行的步骤

方法一　开机后如果主轴第一次没用程序启动,那么主轴设定转数为0,必须用程序启动。

（1）选择"MDI"方式。

（2）按下"PROG"键,显示程序画面。

（3）输入代码"M3 S1000;"。

（4）按下"INSERT"键。

（5）按程序启动键。

方法二　开机后如果主轴第一次用程序启动,那么主轴设定转数为之前主轴运行的转数。

（1）选择"手动"方式。

（2）按下主轴正转按钮,直到主轴运行后松开按钮。

（六）机床主轴运行后,主轴停止的步骤

方法一　在MDI方式下,输入"M05;"指令,按下程序启动键。

方法二 在手动方式下,按住主轴停止键。

方法三 在软键处,按住复位键。

（七）检验对刀位置是否正确的步骤

方法一 先试切一个轮廓,再测量轮廓的位置尺寸。

方法二 先挑选一个位置,然后在位置上钻一个定位孔,测量孔的位置尺寸。

（八）调试工件加工程序的步骤

（1）修改程序,轮廓深度为 0.1。

（2）进给倍率调为零。

（3）快速运行倍率设为 50%。

（4）运行程序。

（5）稍微松开进给倍率,一只手一直握住进给倍率开关,观察刀具运行路径。

（6）当刀具快到工件表面时,把进给倍率调为零。

（7）查看程序运行数据,观察 Z 轴刀具到工件表面还有多少数据,是否符合实际刀具到工件表面的距离。

（8）若 Z 轴数据正确,则把进给倍率调为正常值,进行工件轮廓加工;如果 Z 轴数据不正确,那么马上停止程序,查找原因。

（9）工件轮廓试切完后,测量工件轮廓位置尺寸与形状尺寸,判断是否正确,如果不正确,查找原因;如果正确,修改程序,轮廓深度为正常值。

（10）运行程序。

【任务评价】

将任务评价信息填入表 9-1-4 中。

表 9-1-4　任务评价

评价类型	序号	评价内容	学生自评		小组互评		教师评价	
			合格	不合格	合格	不合格	合格	不合格
任务内容	1	程序的录入						
	2	程序的编辑						
	3	检索一个地址的操作步骤						
	4	程序的删除						
	5	机床开机后主轴运行步骤						

续表

评价类型	序号	评价内容	学生自评		小组互评		教师评价	
			合格	不合格	合格	不合格	合格	不合格
任务内容	6	机床主轴运行后,主轴停止的步骤						
	7	检验对刀位置是否正确的步骤						
	8	调试工件加工程序的步骤						
成果分享	收获之处							
	不足之处							
	改进措施							

知识点 2　数控加工中的常用夹具

【任务目标】

1.掌握平口钳的安装和钳口的校正方法。
2.掌握利用平口钳安装工件的方法。
3.了解利用组合压板安装工件的方法。

【任务描述】

本任务要求掌握平口钳的安装,利用平口钳和组合压板安装工件的方法。

【任务链接】

在铣削加工时,把工件放在机床上(或夹具中),使其在夹具上的位置按照一定的要求确定下来,并将必须限制的自由度逐一予以限制,这称为工件在夹具上的"定位"。工件定位以后,为了承受切削力、惯性力和工件重力,还应被夹牢,这称为"夹紧"。从定位到夹紧的整个过程叫作"安装",工件安装情况的好坏,将直接影响工件的加工精度。

活动一　安装平口钳的步骤

一、安装平口钳

在数控铣加工中,最常用的装夹方式就是采用平口钳装夹工件。平口钳在机床上应完全定位,并准确校正平口钳,才能够保证加工工件相对位置精度的准确,以满足数控加工中简化定位和安装的要求。安装平口钳的步骤见表 9-2-1。

表 9-2-1　安装平口钳的步骤

序号	步骤名称	作业图	操作步骤及说明
1	整理工作台		把工作台整理干净
2	油好工作台		用油石把工作台弄平整、光滑,去毛刺
3	擦净工作台		把工作台仔细擦拭干净
4	准备好平口钳		把平口钳初步擦拭干净

序号	步骤名称	作业图	操作步骤及说明
5	平口钳反个面		把平口钳反个面
6	擦净平口钳底面		先用气枪初步吹掉铁屑，再用布把平口钳底面擦拭干净
7	抬上工作台		把平口钳抬到工作台上，一般可置于整个工作台中间部位
8	准备好压板		准备好 3 套 T 形螺栓、螺母、垫块、垫片、压板
9	压板装配		把准备好的 3 套压板等元件都装配好

续表

序号	步骤名称	作业图	操作步骤及说明
10	平口钳 初步固定		压板通过 T 形螺栓、螺母、垫块、垫片将平口钳夹紧在工作台面上。选择 3 套压板，压板的一端搭在平口钳上，另一端搭在垫块上。垫块的高度应等于或略高于平口钳被夹紧部位的高度。螺栓到工件间的距离应略小于螺栓垫块间的距离
11	准备好 百分表		将百分表固定在磁性表座上
12	百分表 吸到主轴		把百分表磁铁功能打开，吸附到主轴立柱上。使用百分表时一定要轻拿轻放，防止掉落

序号	步骤名称	作业图	操作步骤及说明
13	调整百分表		调整百分表,使表的触头朝向里面
14	打平口钳左测		先把表的触头去顶住平口钳固定钳口的左侧。使用百分表时一定要轻拿轻放,不可以直接用表的触头撞击测量表面
15	打平口钳右测		然后把百分表摇到固定钳口的右侧,看看表的读数是左侧大,还是右侧大,如是左侧大,则敲前端左侧面,如是右侧大,则敲前端右侧面,直至调整至左右横拉,指针偏差在两小格之内
16	固定平口钳		调整好后,必须先预紧三个螺母,再依次拧紧,防止平口钳跑位

二、工件的定位

工件相对夹具一般应完全定位,且工件的基准相对于机床坐标系原点应有严格的确定位置,以满足能在数控机床坐标系中实现工件与刀具相对运动的要求。同时,夹具在机床上也应完全定位,夹具上的每个定位面相对数控机床的坐标原点均应有精确的坐标尺寸,以满足数控加工中简化定位和安装的要求。

活动二　平口钳安装工件

平口钳的正确与错误安装对比如图 9-2-1 所示。

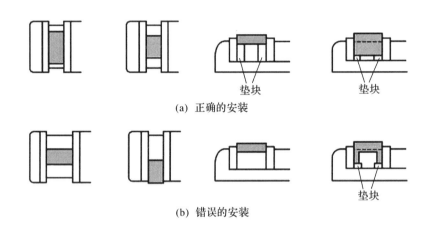

(a) 正确的安装

(b) 错误的安装

图 9-2-1　平口钳的正确安装与错误安装对比

一、工件安装步骤

首先将平口钳周边及装夹部位清洁干净,将适合的垫块擦拭干净,并装入平口钳,将工件装入平口钳并夹紧。具体步骤如下:

(1)把工件放入钳口内,并在工件的下面垫上比工件窄、厚度适当且要求较高的等高垫块,然后将工件夹紧。

(2)工件底面用等高垫块垫起,为使工件紧密地靠在垫块上,应用铜锤或木锤轻轻地敲击工件,直到用手不能轻易推动等高垫块时,再将工件夹紧在平口钳内。

(3)工件应当紧固在钳口较中间的位置,并使工件加工部位最低处高于钳口顶面(避免加工时刀具撞到铣刀或虎钳),装夹高度以铣削尺寸高出钳口平面3～5mm为宜。

二、在安装过程中，要特别注意以下几项内容的检查

(1)首先将平口钳周边及装夹部位清洁干净。

(2)夹紧工件前须用木榔头或橡皮锤敲击工件上表面，以保证夹紧可靠，如图9-2-2所示。不能用铁块等硬物敲击工件上表面。

(3)夹紧时不能用铁块等硬物敲击夹紧扳手。

(4)拖表使工件长度方向与 X 轴平行后，将虎钳锁紧在工作台上。

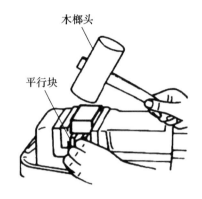

图 9-2-2 工件的安装

也可以先通过拖表使钳口与 X 轴平行，然后将虎钳锁紧在工作台上，再把工件装夹在虎钳上，如有必要可再对工件拖表检查长度方向与 X 轴是否平行。

(5)必要时拖表检查工件宽度方向与 Y 轴是否平行。

(6)必要时拖表检查工件顶面与工作台是否平行。

活动三 用组合压板安装工件

找正装夹是将工件的有关表面作为找正依据，用百分表逐个找正工件相对于机床和刀具的位置，然后把工件夹紧，利用靠棒确定工件在工作台中的位置，将机器坐标值置于G54坐标系（或其他坐标系）中，以确定工件坐标零点的一种方法。

用专用夹具装夹是靠夹具来保证工件相对于刀具及机床所需的位置，并使其夹紧。工件在夹具中的正确定位是通过工件上的定位基准面与夹具上的定位元件相接触而实现的，不再需要找正便可将工件夹紧。夹具预先在机床上已调整好了位置，因此工件通过夹具相对于机床也就获得了正确的位置。这种装夹方法在成批生产中广泛运用。

一、直接在工作台上安装工件的找正安装

用压板装夹工件的方法如图9-2-3所示，可将工件直接压在工作台面上，也可在工件下面垫上厚度适当且要求较高的等高垫块后再将其压紧。

(1)根据加工零件的高度，调节好工作台的位置。

(2)在工作台面上放上两块等高垫块（垫块一般与 Y 轴平行放置，其位置、尺寸大小应不影响工件的切削，且应尽可能相距远一些），放上工件（由于数控铣床

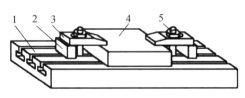
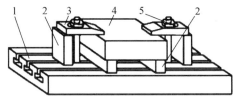

(a) 无等高垫块的情况　　　　　　　(b) 有等高垫块的情况

1.工作台　2.等高垫块　3.压板　4.工件　5.双头螺柱

图 9-2-3　用压板装夹工件的方法

在 X 轴方向的运行范围比在 Y 轴方向的运行范围大,所以在编程、装夹时零件纵向一般与 X 轴平行)。把双头螺柱的一端拧入 T 形螺母(2 个)内,再把 T 形螺母插入工作台面的 T 形槽内,将双头螺柱的另一端套上压板(压板一端压在工件上,另一端放在与工件上表面平行或稍高的垫块上),放上垫圈,拧入螺母直到用手拧不动为止。以上是对零件进行挖槽类加工时的装夹,如果是加工外轮廓,则应先插好带双头螺柱的 T 形螺母(1 个),在工作台面上放上两块等高垫块,放上工件后套上压板,并放上垫圈,再拧入螺母,直到用手拧不动为止。

(3)伸出主轴套筒,装上带百分表的磁性表座,使百分表触头与工件的前侧面(即靠近人的侧面)接触。移动 X 轴,观察百分表的指针晃动情况(同样只要观察触头与工件侧面接近两端时的情况即可),根据晃动情况用紫铜棒轻敲工件侧面,调整好位置后拧紧螺母。然后再移动 X 轴,观察百分表指针的晃动情况,同样用紫铜棒敲击工件侧面作微量调整,直至满足要求为止,最后彻底拧紧螺母。

(4)取下磁性表座,装入刀具组,调节工作台的位置。

(5)进行对刀操作。

二、使用压板时的注意事项

(1)必须将工作台面和工件底面擦干净,不能拖拉粗糙的铸件、锻件等,以免划伤台面。

(2)压板的位置要合适,要压在工件刚性最好的地方,并不得与刀具发生干涉。夹紧力的大小也要适当,以免产生工件变形。

(3)压板螺栓必须尽量靠近工件,并且螺栓到工件的距离应小于螺栓到垫块的距离,以此增大压紧力,如图 9-2-4(a,b)所示。支撑压板的垫块高度要与工件相同或略高于工件,如图 9-2-4(c)所示。螺母必须拧紧,否则会因压力不够而使工件移动,以致损坏工件、机床或刀具,甚至发生意外事故。定位基准具体要求如图 9-2-5 所示。

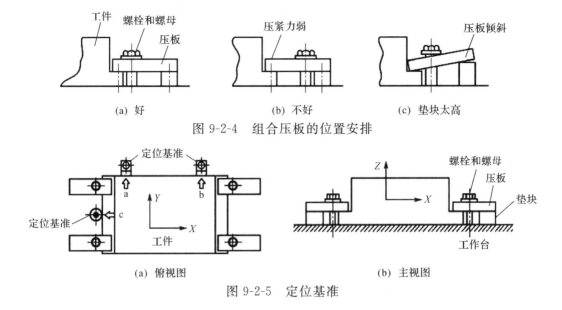

图 9-2-4　组合压板的位置安排

图 9-2-5　定位基准

三、操作方法

(1)用压板将工件轻轻夹持在机床的工作台上。

(2)将磁力表座吸到主轴上。

(3)装好百分表,使测量杆垂直于要找正的表面(以工件上某个表面作为找正的基准面),并有 0.3～1mm 的压缩量。

(4)以手轮方式移动工作台,观察指针的变化,找出最高点和最低点,用铜锤轻敲工件,直至找正误差在公差之内。

(5)找正后旋紧螺母,再用百分表校正直至符合要求。

四、特点

(1)定位精度与所用量具的测量精度和操作者的技术水平有关。

(2)只适用于单件小批生产以及在不便使用夹具夹持的情况下。

(3)定位精度在 0.005～0.02mm。

五、工件安装与找正的注意事项

在工件的安装与找正过程中,要注意以下几点:

(1)工件的外轮廓不能影响机床的正常运动,且工件所有加工部位一定要落在机床的工作行程之内。

(2)工件的安装方向应与工件编程时坐标方向相同,谨防加工坐标的转向。

(3)工件上对刀点的位置应尽量避免装有夹辅具,以减小工件安装对对刀的影响。

（4）工件上的找正长边应尽量与机床工作台的纵向一致，以便于工件找正。

（5）工件压紧螺钉的位置，不能影响刀具的切入与切出；压紧螺钉的高度应尽量低，防止刀具从任意位置快速到达加工安全高度时与压紧螺钉相撞。

【任务实施】

（1）平口钳的安装和钳口的校正方法。

（2）用平口钳安装工件。

（3）用组合压板安装工件。

（4）工件安装与找正注意事项。

【任务评价】

将评价结果填入表 9-2-2 中。

表 9-2-2　任务评价

评价类型	序号	评价内容	学生自评		小组互评		教师评价	
			合格	不合格	合格	不合格	合格	不合格
任务内容	1	平口钳的安装和钳口的校正方法						
	2	用平口钳安装工件的方法						
	3	用组合压板安装工件的方法						
	4	工件安装与找正注意事项						
成果分享	收获之处							
	不足之处							
	改进措施							

知识点 3　对刀点的确定与找正

【任务目标】

1.熟悉对刀方法和对刀工具。

2.掌握 X、Y 方向分中对刀的方法。

3. 掌握 Z 向对刀的方法。

【任务描述】

如图 9-3-1 所示的工件,材料为硬铝,规格为 $100\text{mm} \times 100\text{mm} \times 36\text{mm}$。

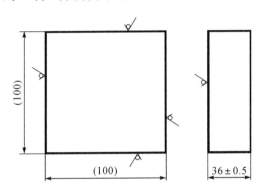

图 9-3-1　$100\text{mm} \times 100\text{mm} \times 36\text{mm}$ 硬铝

1. 试用偏心式寻边器完成分中对刀,并输入 G54 坐标系中。
2. 完成 Z 向对刀。

【任务链接】

确定对刀点是非常重要的,否则会直接影响零件的加工精度和程序控制的准确性。在批生产过程中,更要考虑到对刀点的重复精度。因此,操作者有必要加深对数控设备的了解,掌握更多的对刀技巧。

对刀点的选择原则如下:

1. 在机床上容易找正,在加工中便于检查,在编程时便于计算,而且对刀误差小。对刀点可以选择零件上的某个点(如零件的定位孔中心),也可以选择零件外的某一点(如夹具或机床上的某一点),但必须与零件的定位基准有一定的坐标关系。

例如,对刀点设在被加工零件上,但应注意对刀点必须是基准位或已精加工的部位,有时在第一道工序后对刀点被 CNC 加工毁坏,会导致第二道工序和之后的对刀点无从查找,因此在第一道工序对刀时注意要在与定位基准有相对固定尺寸关系的地方设立一个相对对刀位置,这样可以根据它们之间的相对位置关系找回原对刀点。这个相对对刀位置通常设在机床工作台或夹具上。

2. 提高对刀的准确性和精度,即使零件要求精度不高或者程序要求不严格,所选对刀部位的加工精度也应高于其他位置的加工精度。

3. 选择接触面大、容易监测、加工过程稳定的部位作为对刀点。

4. 对刀点尽可能与设计基准或工艺基准统一,避免由于尺寸换算导致对刀精度甚至加工精度降低,增加数控程序或零件数控加工的难度。

对刀是指操作员在启动数控程序之前,通过一定的测量手段,使刀位点与对刀点重合。可以用对刀仪对刀,其操作比较简单,测量数据也比较准确。还可以在数控机床上定位好夹具和安装好零件之后,使用量块、塞尺、千分表等,利用数控机床上的坐标对刀。

铣加工对刀时一般以机床主轴轴线和刀具端面的交点(主轴中心)为刀位点,因此无论采用哪种工具对刀,结果都是使机床主轴轴线和刀具端面的交点与对刀点重合。

【任务实施】

一、工件 X、Y 方向对中心

1. 工件坐标系原点(对刀点)为圆柱孔(或圆柱面)的中心线

采用百分表(或千分表)对刀,如图9-3-2所示。这种操作方法比较麻烦,效率较低,但对刀精度较高,对被测孔的精度要求也较高,最好是经过铰或镗加工的孔,仅粗加工后的孔不宜采用此方法对刀。

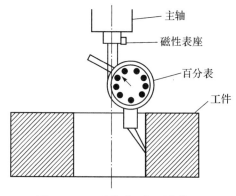

图 9-3-2　百分表对刀示意

2. 工件坐标系原点(对刀点)为两相互垂直直线的交点

(1)碰刀(或试切)方式对刀。如果对刀精度要求不高,为方便操作,可以采用加工时所使用的刀具直接进行碰刀(试切)对刀,如图9-3-3所示。这种方法比较简单,但会在工件表面留下痕迹,且对刀精度不够高。

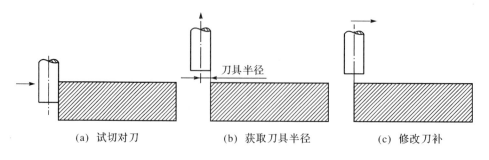

(a) 试切对刀　　　　(b) 获取刀具半径　　　　(c) 修改刀补

图 9-3-3　试切法对刀示意

(2)为了避免工件表面损伤,可以采用光电式寻边器对刀。光电式寻边器的工作原理:一般由柄部和触头组成,它们之间有一个固定的电位差。当触头装在机床主轴上时,工作台上的工件(金属材料)与触头电位相同,当触头与工件表面接触时就形成回路电流,使内部电路产生光、电信号,如图 9-3-4 所示。

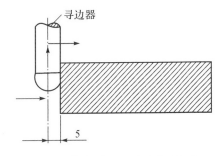

图 9-3-4　光电式寻边器对刀示意

二、刀具 Z 向对刀

Z 向对刀一般有两种方法。

1.机上对刀

这种方法采用 Z 向设定器依次确定每把刀具与工件在机床上的相互位置关系,如图 9-3-5 所示。

(1)刀具 Z 向对刀可以采用刀具直接对刀。

(2)可利用 Z 向设定器进行精确对刀。

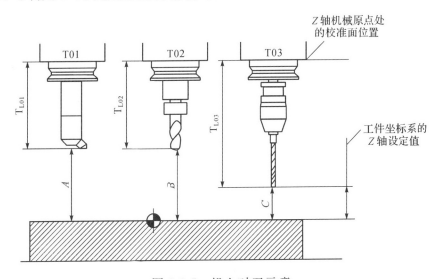

图 9-3-5　机上对刀示意

2.机上对刀＋机外对刀仪

这种方法对刀精度和效率高,但投资大。

机外对刀仪用来测量刀具的长度、直径和刀具的形状、角度。此外,用机外对刀仪还可测量刀具切刃的角度和形状等参数,有利于提高加工质量,如图 9-3-6所示。对刀仪的组成:①刀柄定位机构;②测头与测量机构;③测量数据处理装置。

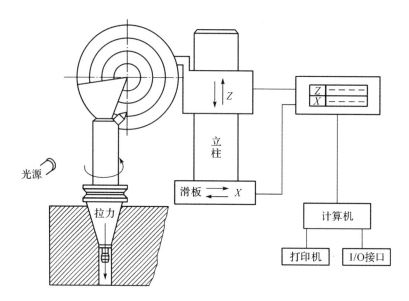

图 9-3-6 机上对刀＋机外对刀仪对刀示意

在对刀操作过程中需注意以下问题：

(1)根据加工要求采用合适的对刀工具,控制对刀误差；

(2)在对刀过程中,可通过改变微调进给量来提高对刀精度；

(3)对刀操作时需小心谨慎,尤其要注意移动方向,避免发生碰撞危险；

(4)对刀数据一定要存入与程序对应的存储地址,防止因调用错误而产生严重后果。

【任务评价】

将评价结果填入表 9-3-1 中。

表 9-3-1 任务评价

评价类型	序号	评价内容	学生自评		小组互评		教师评价	
			合格	不合格	合格	不合格	合格	不合格
任务内容	1	工件 X、Y 方向对中心						
	2	刀具 Z 向对刀						
成果分享	收获之处							
	不足之处							
	改进措施							

知识点 4　CAXA 制造工程师自动编程

【任务目标】

1. 会建立零件的模型。
2. 能完成零件加工方案选择，并熟悉各加工参数。
3. 能进行刀具轨迹的模拟及后置处理。

【任务描述】

运用 CAXA 制造工程师软件，对零件进行自动编程加工。

【任务链接】

近年来，随着计算机技术的迅速发展，计算机的图形处理功能有了很大增强，基于 CAD/CAM 技术进行图形交互的自动编程方法日趋成熟，这种方法具有速度快、精度高、直观、使用简便和便于检查等优点。CAD/CAM 技术在工业发达国家已得到广泛使用，近年来在国内的应用也越来越普及。

自动编程的特点是编程工作主要由计算机完成。在自动编程方式下，编程人员只需采用某种方式输入工件的几何信息以及工艺信息，计算机就可以自动完成数据处理、编写零件加工程序、制作程序信息载体以及程序检验等工作而无需人的参与。基于 CAD/CAM 技术的数控自动编程的基本步骤如图 9-4-1 所示。

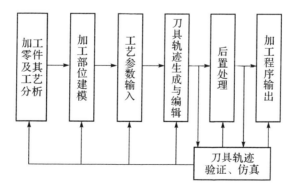

图-4-1　基于 CAD/CAM 技术的数控自动编程的基本步骤

被加工零件采用线架、曲面、实体等几何体来表示，CAM 系统在零件几何体基础上生成刀具轨迹,经过后置处理生成加工代码,将加工代码通过传输介质传给数控机床,数控机床按数字量控制刀具运动,完成零件加工。具体过程如下:

(1)零件数据准备:系统自设计和造型功能或通过数据接口传入 CAD 数据,如 STEP、IGES、SAT、DXF、X-T 等;在实际的数控加工中,零件数据不仅仅来自图纸,特别在广泛采用互联网的今天,零件数据往往通过测量或通过标准数据接口传输等方式得到。

(2)确定粗加工、半精加工和精加工方案。

(3)生成各加工步骤的刀具轨迹。

(4)刀具轨迹仿真。

(5)后置输出加工代码。

(6)输出数控加工工艺技术文件。

(7)传给机床实现加工。

活动一 CAXA 制造工程师自动编程加工

CAXA 制造工程师画图有 2 个工件界面,一个是空间界面,如图 9-4-2(a)所示,另一个是草绘界面,如图 9-4-2(b)所示。在空间界面与草绘界面中都可以画轮廓线,如点、线、面、倒角等。

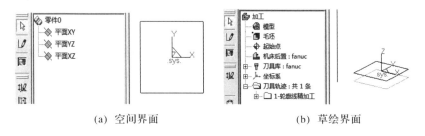

(a) 空间界面　　　　　　　　　(b) 草绘界面

图 9-4-2　CAXA 制造工程师工件界面

可以用空间界面的轮廓线来画曲面、编程。轮廓线可以直接绘制,也可以利用草绘界面所建立的三维模型,通过采用相关线中的实体边界命令来提取实体边界来转化空间界面所需要的轮廓线,也可以采用草绘界面中的轮廓线的特征点来画所需要的轮廓线。

可以用草绘界面的轮廓线来建立三维模型。轮廓线可以直接绘制,也可以利用在空间界面画的轮廓线通过采用曲线投影命令提取到草绘界面中,如图 9-4-3(a)所示,也可以利用草绘界面所建立的三维模型,通过采用曲线投影命令提取三维模型边界到草绘界面中,如图 9-4-3(b)所示。

CAXA 制造工程师界面中有 3 个工作平面,XY、XZ、YZ,但在界面中要摆

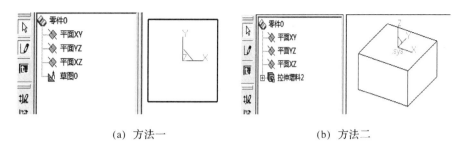

(a) 方法一　　　　　　　　　　　(b) 方法二

图 9-4-3　CAXA 制造工程师建立三维模型的两种方法

正图形,快捷键 F5 是 XY,如图 9-4-4(a)所示;F6 是 YZ,如图 9-4-4(b)所示;F7
是 XZ,如图 9-4-4(c)所示;F8 是 XYZ 立体平面,如图 9-4-4(d)所示;F9 是画图
平面的切换。

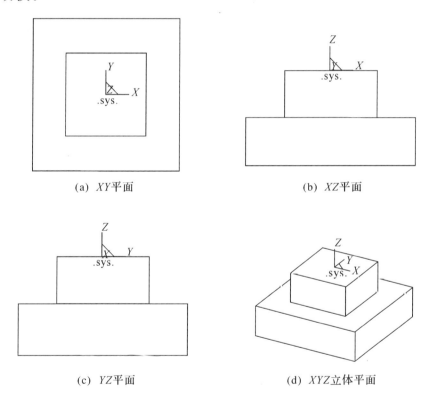

(a) XY平面　　　　　　　　　　(b) XZ平面

(c) YZ平面　　　　　　　　　　(d) XYZ立体平面

图 9-4-4　CAXA 制造工程师的工作平面切换

　　CAXA 制造工程师在左边的特征栏中有 3 个功能:第 1 个是零件特征栏,如
图 9-4-5(a)所示,用来建立三维模型;第 2 个是加工管理栏,如图 9-4-5(b)所示,
用来对零件轮廓进行编程加工;第 3 个是属性栏,如图 9-4-5(c)所示,用来查询
轮廓线的坐标、长度、半径显示数据。

　　CAXA 制造工程师建立三维模型的步骤见表 9-4-1。

(a) 零件特征栏

(b) 加工管理栏

(c) 属性栏

图 9-4-5　CAXA 制造工程师特征栏中的功能

表 9-4-1　建立三维模型的步骤

序号	步骤	作业图	操作步骤及说明
1	创建草图平面	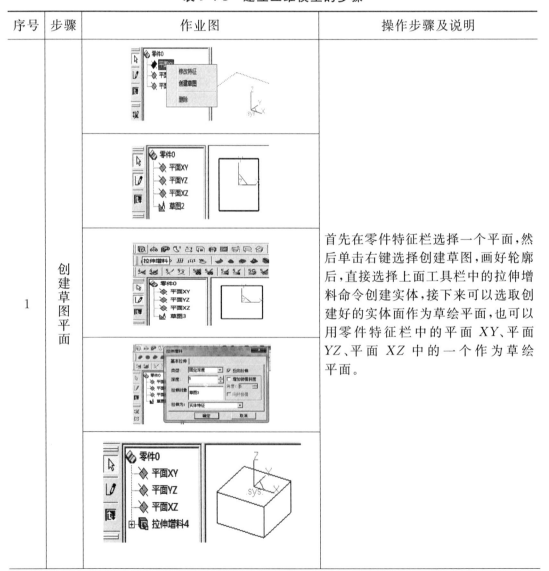	首先在零件特征栏选择一个平面,然后单击右键选择创建草图,画好轮廓后,直接选择上面工具栏中的拉伸增料命令创建实体,接下来可以选取创建好的实体面作为草绘平面,也可以用零件特征栏中的平面 XY、平面 YZ、平面 XZ 中的一个作为草绘平面。

序号	步骤	作业图	操作步骤及说明
2	修改实体轮廓尺寸		已经创建好的实体轮廓可以通过修改实体参数和实体轮廓来改变尺寸。
3	检查草绘轮廓是否封闭		创建三维模型时必须绘制草绘轮廓，但轮廓必须封闭，不封闭轮廓是生成不出实体的。不封闭轮廓有3种状态：一是线与线重合；二是线与线相交，还有一点出头，这种最容易出现在画键槽时直线与圆弧相切的地方和圆弧与圆弧相切的地方；三是轮廓线没有封闭，出现这种情况可以用轮廓封闭检查命令来检查，在没有封闭的地方，会出现一个小红点作为提示。

续表

序号	步骤	作业图	操作步骤及说明
4	利用实体边界提取空间平面的轮廓线		草绘平面的轮廓线不能应用,但可以用来创建实体,再利用实体边界提取空间平面的轮廓线。 　　工件模型编程时必须有轮廓线,这个轮廓线必须是空间平面的轮廓线。

序号	步骤	作业图	操作步骤及说明
5	链拾取		
	限制链拾取		轮廓线编程时可以是封闭轮廓,也可以是不封闭轮廓,也可以是单条曲线。选择轮廓线时有三种方式:①链拾取;②限制链拾取;③单个拾取。
	单个拾取		
6	常用编程指令		常用编程指令有轮廓线精加工、平面轮廓精加工、区域式粗加工、孔加工、参数线加工。 　　轮廓线精加工一般用于轮廓加工编程,它的优势在于能实现刀补加工,轮廓加工的起点跟选线的第一条有关。

259

续表

序号	步骤	作业图	操作步骤及说明
7	选择中点作为进刀点		如果想在这条线的中点作为进刀点，而这条线的起点在端点，没有中间点，那么只能把这条线在中间打断，变成两条线，这样线的起点变为中间点。
8	配合修剪轨迹指令使刀路轨迹更整洁		平面轮廓精加工一般用于去除余量加工，它的优势在于能实现往复铣，但不能实现刀补加工，最好配合修剪轨迹指令使用，能使刀路轨迹更整洁。

序号	步骤	作业图	操作步骤及说明
9	区域式粗加工		区域式粗加工一般用于在一个高度上有多个轮廓要加工,这样能一起来实现轮廓加工,但这个指令一般只能做轮廓粗加工、底面精加工,不能做轮廓精加工。
10	参数线加工		参数线加工一般用于做斜面加工。

261

续表

序号	步骤	作业图	操作步骤及说明
11	程序后置处理		编好零件加工轨迹之后,加工轨迹通过程序后置处理,导出数控机床加工代码。 修改程序有2种方法:①在导出程序上直接修改,这种方法的缺点是如果编写程序较多,那么每个程序都要修改,所用时间较多;②修改程序后置代码,这样每个程序导出来之后不用修改,直接可以拿到机床上去加工零件。 修改程序后置代码有2个信息:①机床信息;②后置信息。

```
($POST_NAME, 2020. 2. 7, 11:11:52.705)
N10G90G54G00Z100.000
N12S3000M03
N14X0.000Y-60.000Z100.000
N16Z2.000
N18G01Z-21.600F1000
N20G41D1X5.209Y-40.456
N22G03X0.000Y-40.000I-5.209J-29.544
N24G01X-37.000
N26G02X-45.000Y-32.000I-0.000J8.000
N28G01Y32.000
N30G02X-37.000Y40.000I8.000J0.000
N32G01X37.000
N34G02X45.000Y32.000I-0.000J-8.000
N36G01Y-32.000
N38G02X37.000Y-40.000I-8.000J-0.000
N40G01X0.000
N42G03X-5.209Y-40.456I0.000J-30.000
N44G40G01X0.000Y-60.000
N46G00Z100.000
N48M05
N50M30
```

序号	步骤	作业图	操作步骤及说明
12	机床信息修改		后置代码的意义： 　　POST_NAME：当前后置文件名；POST_DATE：当前日期；POST_TIME：当前时间。 　　TOOL_NO：系统规定的刀具号；SPN_F(S)：主轴转速 S 代码；SPN_SPEED：主轴速度。 　　SPN_CW（M03）：主轴正转；SPN_CCW（M04）：主轴反转；SPN_OFF（M05）：主轴关。 　　WCOORD（G54～G59）：坐标设置。 　　COORD_X：X 坐标值；COORD_Y：Y 坐标值；COORD_Z：Z 坐标值。 　　COOL_ON（M07、M08）：冷却液开；COOL_OFF（M09）：冷却液关。 　　PRO_STOP(M30)：程序停止。 　　@号为换行标志，$ 号为输出空格。

续表

序号	步骤	作业图	操作步骤及说明
13	机床信息修改	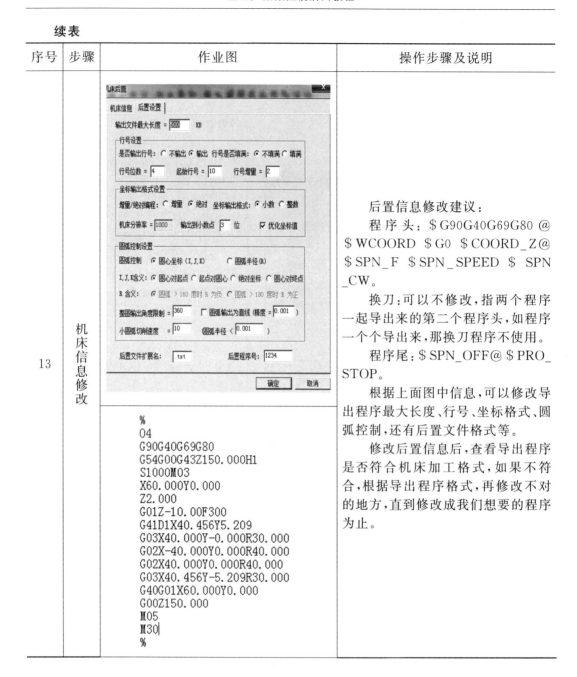	后置信息修改建议： 程序头：＄G90G40G69G80 @ ＄WCOORD ＄G0 ＄COORD_Z@ ＄SPN_F ＄SPN_SPEED ＄ SPN_CW。 换刀：可以不修改，指两个程序一起导出来的第二个程序头，如程序一个个导出来，那换刀程序不使用。 程序尾：＄SPN_OFF@ ＄PRO_STOP。 根据上面图中信息，可以修改导出程序最大长度、行号、坐标格式、圆弧控制，还有后置文件格式等。 修改后置信息后，查看导出程序是否符合机床加工格式，如果不符合，根据导出程序格式，再修改不对的地方，直到修改成我们想要的程序为止。

作业图中程序内容：

```
%
O4
G90G40G69G80
G54G00G43Z150.000H1
S1000M03
X60.000Y0.000
Z2.000
G01Z-10.00F300
G41D1X40.456Y5.209
G03X40.000Y-0.000R30.000
G02X-40.000Y0.000R40.000
G02X40.000Y0.000R40.000
G03X40.456Y-5.209R30.000
G40G01X60.000Y0.000
G00Z150.000
M05
M30
%
```

活动二　程序传入机床的方式和加工

程序一般用电脑通过 RS232 接口传送到机床。当机床的存储空间大于程序大小时，可以传输后调出执行；当机床的存储空间小于程序大小时，应采用在线加工方式，I/O 通道选择 1。

一、操作方法

(1)用 RS232 电缆连接电脑和数控机床;

(2)启动程序传输软件;

(3)打开程序文件;

(4)在电脑上传输软件中选择"发送";

(5)机床模式调整为"DNC";

(6)按功能键"PROR(程序)",切换程序显示画面;

(7)按"循环启动"键,开始在线加工。

二、程序输入/输出的方法

1.输入程序(电脑→CNC)

(1)确认输入设备准备好;

(2)启动程序传输软件;

(3)打开程序文件;

(4)在电脑上传输软件中选择"发送";

(5)按"编程"模式;

(6)按功能键"PROR(程序)",显示程序内容画面或者程序目录画面;

(7)按软键[操作];

(8)按最右边的软键[菜单扩展键];

(9)输入地址 O 后,输入程序号,如果不指定程序号,将会使用原程序号;

(10)按软键[读入]和[执行]。

2.输出程序(CNC→电脑)

(1)确认输出设备准备好;

(2)按"编程"模式;

(3)按功能键"PROR(程序)",显示程序内容画面或者程序目录画面;

(4)按软键[操作];

(5)按最右边的软键[菜单扩展键];

(6)输入地址 O 后,输入程序号或指定程序号范围;

(7)按软键[输出]和[执行]。

三、运用 CF 存储卡加工

首先需要一张 CF 存储卡,它是一个像 U 盘一样可以储存程序的介质(图 9-4-6),然后还需要 CF 读卡器和 CF 卡套各一个,CF 读卡器可在电脑上插入,CF 卡套可在机床上插入,I/O 通道选择 4。

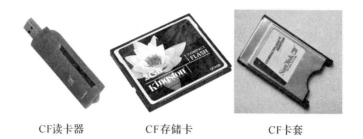

CF读卡器　　　　　CF存储卡　　　　　CF卡套

图 9-4-6　存储卡与配件

打开存储卡中程序的方法如下:

(1)选"编辑"或"自动运行"方式→按功能键"PROR(程序)",显示程序画面→输入程序号→按光标下移键即可;

(2)按系统显示屏下方与[DIR]对应的软键,显示程序名列表;

(3)使用字母和数字键,输入程序名,在输入程序名的同时,系统显示屏下方出现[O 检索]软键;

(4)输完程序名后,按[O 检索]软键;

(5)显示屏上显示这个程序的内容。

【任务评价】

将评价填入表 9-4-2 中。

表 9-4-2　任务评价

评价类型	序号	评价内容	学生自评		小组互评		教师评价	
			合格	不合格	合格	不合格	合格	不合格
任务内容	1	建立模型						
	2	自动编程						
	3	程序传入机床的方式和加工						
成果分享	收获之处							
	不足之处							
	改进措施							

参考文献

［1］崔兆华.零件数控铣床加工［M］.北京：中国劳动社会保障出版社,2013.

［2］胡其谦.数控铣床编程与加工技术［M］.北京：高等教育出版社,2010.

［3］林峰.数控铣床综合实训教程［M］.杭州：浙江大学出版社,2012.

［4］屈长江.数控铣床编程与模拟加工［M］.北京：中国劳动社会保障出版社,2013.

［5］吴明友.数控铣床培训教程［M］.北京：机械工业出版社,2010.

［6］徐世东.数控铣加工项目实践［M］.杭州：浙江大学出版社,2015.

［7］张彩霞.配合件数控铣床加工［M］.北京：中国劳动社会保障出版社,2014.

［8］朱明松.数控铣床编程与操作项目教程［M］.北京：机械工业出版社,2008.

附录一　FANUC 0i MATE-MD 系统常用指令功能表

一、常用 G 功能一览表

代码	分组	功能	格式
※G00		快速定位	G00 X_Y_Z_
※G01		直线插补	G01 X_Y_Z_
※G02	01	顺时针圆弧	XY 平面内的圆弧：
※G03		逆时针圆弧	G17 $\begin{Bmatrix} G02 \\ G03 \end{Bmatrix}$ X_Y_ $\begin{Bmatrix} R\_ \\ I\_J\_ \end{Bmatrix}$
G04	00	暂停	G04[P/X]单位为秒,增量状态单位为毫秒,无参数状态表示停止
※G15		极坐标取消	G15:取消极坐标方式
※G16	17	极坐标设定	Gxx Gyy G16:开始极坐标指令 G00 IP_:极坐标指令 Gxx:极坐标指令的平面选择（G17,G18,G19） Gyy:G90 指定工件坐标系的零点为极坐标的原点,G91 指定当前位置作为极坐标的原点
※G17		选择 XY 平面	G17
※G18	02	选择 ZX 平面	G18
※G19		选择 YZ 平面	G19
※G20	06	英制输入	G20
※G21		公制输入	G21

代码	分组	功能	格式
G27		返回参考点检测	G27 X_Y_Z_
G28		返回参考点	G28 X_Y_Z_
G29	00	从参考点返回	G29 X_Y_Z_
G30		返回第 2,3,4 参考点	G30 P3 IP_,G30 P4 IP_
※G39		拐角偏置圆弧插补	G39 或 G39 I_J_
※G40		刀具半径补偿取消	G40
※G41	07	刀具半径左补偿	⎰G41⎱ Dnn
※G42		刀具半径右补偿	⎱G42⎰
※G43		刀具长度正补偿	⎰G43⎱ Hnn
※G44	08	刀具长度负补偿	⎱G44⎰
※G49		刀具长度补偿取消	G49
※G50		取消缩放	G50
※G51	11	比例缩放	G51 X_Y_Z_P_:缩放开始 X_Y_Z_:比例缩放中心坐标的绝对值指令 P_:缩放比例 G51 X_Y_Z_I_J_K_:缩放开始 X_Y_Z_:比例缩放中心坐标的绝对值指令 I_J_K_:X,Y,Z 各轴对应的缩放比例
※G50.1		可编程镜像取消	G50.1 X_Y_
※G51.1	22	可编程镜像有效	G51.1 X_(当 X 为 0 时,关于 Y 轴镜像) G51.1 Y_(当 Y 为 0 时,关于 X 轴镜像) G51.1 X_Y_(当 X、Y 都为 0 时,关于 45°方向镜像)
G52	00	设定局部坐标系 (坐标平移指令)	G52 X_Y_:设定 G52 X0Y0:取消 X_Y_:局部坐标系原点
G53		机床坐标系选择	G53 X_Y_Z_

续表

代码	分组	功能	格式
※G54		选择工件坐标系	G54
※G54.1		选择附加工坐标系	G54.1 Pn(n:1~48)
※G55		选择工件坐标系2	G55
※G56	14	选择工件坐标系3	G56
※G57		选择工件坐标系4	G57
※G58		选择工件坐标系5	G58
※G59		选择工件坐标系6	G59
G65	00	宏程序调用	G65 P_L_(自变量)
※G66	12	宏程序模态调用	G66 P_L_(自变量)
※G67		宏程序模态调用取消	G67
※G68	16	坐标系旋转	(G17/G18/G19)G68 a_b_R_:坐标系开始旋转 G17/G18/G19:平面选择,在其上包含旋转的形状 a_b_:与指令坐标平面相应的X,Y,Z中的两个轴的绝对指令,在G68后面指定旋转中心 R_:角度位移,正值表示逆时针旋转。根据指令G代码(G90或G91)确定绝对值或增量值 最小输入增量单位:0.001deg 有效数据范围:-360.000到360.000
※G69		坐标系旋转取消	G69
※G73		深孔钻削固定循环	G73 X_Y_Z_R_Q_F_
※G74		左旋螺纹攻丝循环	G74 X_Y_Z_R_P_F_
※G76		精镗固定循环 (X向带退刀)	G76 X_Y_Z_R_Q_F_
※G80	09	固定循环取消	G80
※G81		钻孔/点钻循环	G81 X_Y_Z_R_F_
※G82		钻孔/锪镗循环	G82 X_Y_Z_R_P_F_
※G83		(排屑式)深孔钻循环	G83 X_Y_Z_R_Q_F_

代码	分组	功能	格式
※G84		右旋螺纹攻丝循环	G84 X_Y_Z_R_F_
※G85		(粗)镗孔循环	G85 X_Y_Z_R_F_
※G86	09	(半精)镗孔循环	G86 X_Y_Z_R_P_F_
※G87		背镗循环	G87 X_Y_Z_R_Q_F_
※G88		(半精或精)镗孔循环	G88 X_Y_Z_R_P_F_
※G89		(锪)镗孔循环	G89 X_Y_Z_R_P_F_
※G90	03	绝对值编程	G90 G01 X_Y_Z_F_(在程序中应用,也可放在程序开头)
※G91		增量值编程	G91 G01 X_Y_Z_F_
G92	00	设定工件坐标系或最大主轴速度箝制	G92 X_Y_Z_
G92.1		工件坐标系预置	G92.1 X0 Y0 Z0
※G94	05	每分钟进给	单位为 mm/min
※G95		每转进给	单位为 mm/r
※G96	13	恒线进给	G96 S200(200mm/min)
※G97		每分钟转速	G97 S800(800r/min)
※G98	10	返回固定循环初始点	G98 X_Y_Z_R_F_
※G99		返回固定循环 R 点	G99 X_Y_Z_R_F_

在 G 指令前有※者为模态代码。

二、常用 M 功能一览表

代码	功能	说明
M00	程序暂停	当执行有 M00 指令的程序段后,主轴旋转、进给切削液都将停止,重新按下[循环启动]键,继续执行后面程序段
M01	程序选择停止	功能与 M00 相同,但只有在机床操作面板上的[选择停止]键处于"ON"状态时,M01 才执行,否则跳过不执行
M02	程序结束	放在程序的最后一段,执行该指令后,主轴停、切削液关、自动运行停,机床处于复位状态
M03	主轴正转	用于主轴顺时针方向转动

续表

代码	功能	说明
M04	主轴反转	用于主轴逆时针方向转动
M05	主轴停止	用于主轴停止转动
M06	换刀	用于加工中心的自动换刀,格式:M06 T——;
M07	切削液开	用于 2 号切削液开
M08	切削液开	用于 1 号切削液开
M09	切削液关	用于切削液关
M19	主轴准停	常用于镗孔和攻螺纹时主轴定向
M29	刚性攻丝	刚性攻丝指令
M30	程序结束	放在程序的最后一段,除了执行 M02 的内容外,还返回到程序的第一段,准备下一个工件的加工
M98	调用子程序	M98 Pxxnnnn,调用程序号为 Onnnn 的程序 xx 次
M99	子程序结束	用于子程序结束并返回主程序,子程序格式: Onnnn … M99

附录二　螺纹底孔钻头直径选择表

一、公制普通粗牙螺纹（标准扣）

螺纹代号		钻头直径	
尺寸	螺距	高速钢	硬质合金
M2	0.4	1.6	1.65
M3	0.5	2.5	2.55
M4	0.7	3.3	3.4
M5	0.8	4.2	4.3
M6	1.0	5.0	5.1
M8	1.25	6.8	6.9
M10	1.5	8.5	8.7
M12	1.75	10.3	10.5
M14	2.0	12.0	12.2
M16	2.0	14.0	14.2
M18	2.5	15.5	15.7
M20	2.5	17.5	17.7

二、公制细牙螺纹(细扣)

螺纹代号	钻头直径	
	高速钢	硬质合金
M2×0.25	1.75	1.75
M3×0.35	2.7	2.7
M4×0.5	3.5	3.55
M5×0.5	4.5	4.55
M6×0.75	6.3	6.35
M8×1.0	7	7.1
M8×0.75	7.3	7.35
M10×1.0	9	9.1
M10×1.25	8.8	8.9
M10×0.75	9.3	9.35
M12×1.5	10.5	10.7
M12×1.25	10.8	10.9
M12×1.0	11	11.1
M14×1.5	12.5	12.7
M14×1.0	13.0	13.1
M16×1.5	14.5	14.7
M16×1.0	15.0	15.1
M18×1.5	16.5	16.7
M18×1.0	17	17.1
M20×2.0	18	18.3
M20×1.5	18.5	18.7
M20×1.0	19	19.1